건축시공
현장실무

현장관리자나 건축주 그리고 건설기능인들이
정확하게 알아야 부실공사를 방지할 수 있습니다.

건축시공
현장실무

배영수 지음

BUILDING
CONSTRUCTION
SCENE
WORKING-LEVEL

좋은땅

우리나라도 더 이상 지진 안전지대가 아닙니다.

2017년 12월 건축법 시행령 제32조 2항 내진설계 의무화 기준이 개정되었습니다.

2층 이상인 건축물 연면적이 200㎡ 이상인 건축물과 목조주택의 경우 층수와 연면적에 관계없이 내진설계를 하도록 의무화했습니다.

그러나 내진설계를 한다고 건축물이 내진성능을 가지는 것은 아닙니다.

일은 사람이 하기 때문입니다. 일하는 사람이 자기 편의대로 일하면 내진성능이 있을 수 없습니다. 건축공사는 내가 모르면 사기 당하기 쉽습니다.

건축공사를 내가 모르면 일은 알하는 사람 마음대로 하고 돈은 내 돈 줘야 합니다.

건축물 셀프시공하는 건축주나 현장관리자들이 정확한 시공방법을 모르면 부실공사로 이어지고 특히 공사업자들 역시 정확한 시공법을 아는 사람이 드뭅니다.

또한 현재 건설기능인력들이 정규교육을 받은 사람도 극히 일부이고 공사 업자나 근로자들 인식이 자기 편한 대로 일하는 습관을 가지고 있어 감독하는 사람이 눈만 돌리면 부실공사가 이루어지는 것이 사실입니다.

현장관리자나 건축주 그리고 건설기능인들이 정확하게 알아야 부실공사 방지가 됩니다. 기존의 건설현장 기능인력들이 정규과정의 교육을 받지 않고 어깨너머로 현장에서 일하면서 보고 들은 대로 일하기 때문에 몰라서 부실시공이 되기도 하고 알면서도 자기 편의주의로 일하여 부실시공이 되기도 합니다.

또한 대부분의 사람들이 공사계약서 작성법을 몰라 편의점보다 많은 공사업자들로부터 덤터기를 씁니다. 공사계약서를 잘못 작성하여 분쟁이 생기고 예비 건축주는 가슴앓이, 즉 속병의 근원이 되기도 합니다. 이와 같은 피해를 줄이고자 공사계약서 작성법을 기술하였습니다.

부족하지만 과정평가형 과정을 수강하는 수강생 여러분과 집을 짓고자 하는 예비건축주 여러분 현장관리자 및 건설기능인 여러분의 지침서가 될 수 있도록 부실공사가 가장 많이 발생하는 공정에 대하여 부실공사 사례와 정확한 시공법과 공정마다 재료 산출하는 적산방법을 본 교재에서 참고하여 실제 공사현장에 적용할 수 있도록 하였습니다.

이 책을 출간하는 데 도움을 주신 여러분과 블로그 독자 여러분 그리고 본교 재학생 여러분과 수료생 여러분들께 감사드립니다.

- 저자 배영수

제1장 가설공사

1. 가설공사

　가. 공통 가설공사: 간접적 역할을 하는 공사

　- 가설물, 가설 울타리, 가설 운반로, 공사용수, 공사용 동력, 시험조사, 기계기구, 운반, 시멘트
　　창고 등

　나. 직접가설: 본 건물 축조에 직접적 역할을 하는 공사

　- 대지측량, 규준틀, 비계, 건축물보양, 보호막설치, 낙하물방지망, 건축물 현장정리, 먹 메김
　　등

2. 시멘트 창고

　가. 방습적인 창고로 하고 시멘트 사이로 통풍이 되지 않도록 한다.

　나. 채광창 이외의 환기창을 설치하지 않고 반입 반출구를 구분해서 반입 순서대로 반출한다.

　다. 시멘트는 지면에서 30㎝ 이상 마루에 쌓고 13포대 이상 높이로 쌓지 않는다.

　라. 3개월 이상 저장된 포대 시멘트나 습기를 받을 우려가 있다고 생각되는 시멘트는 사용 전
　　시험을 해야 한다.

　마. 시멘트창고 면적: $A=0.04 \times N/n$ [A=면적 N=시멘트, 포대수, n=쌓기단수(최고 13포대)]
　　※ 1,800포 초과시 N=1/3만 적용

3. 가설비계

　가. 강관(단관)비계

　1) 설치기준

가) 성능점검 기준에 적합한 부재 사용

나) 비계기둥 하단부에 깔판 깔목 밑받침철물을 사용하여 침하 방지를 할 것.

다) 기둥의 간격은 띠장방향 1.5m~1.8m 이하 장선방향 1.5m 이하로 할 것.

라) 첫 번째 띠장은 지상에서 2m 이하로 하고 그 위의 띠장 간격은 1.5m로 한다.

마) 비계기둥간의 간격이 1.8m 이내일 때 적재하중은 400kg을 초과하지 말 것.

바) 벽 이음은 수직 수평 5m 이내로 한다.

사) 가새는 기둥간격 16.5m 이하 띠장 간격 15m 이내로 하고 45도로 하고 모든 기둥을 결속해야 한다.

아) 작업발판은 2개소 이상 고정하고 추락 및 낙하물방지 조치를 한다.

서울가설비계 – 현장사진

※ 외부비계는 구조체에서 30~45㎝ 떨어져서 쌍줄비계를 설치하되 별도의 작업발판을 설치할 수 있는 경우에는 외줄비계를 설치할 수 있다.

2) 비계다리 설치 기준

　가) 시공하중 또는 폭풍, 진동 등 외력에 대하여 안전한 설계

　나) 경사로는 항상 정비하고 안전통로를 확보하여야 한다

　다) 비탈면의 경사각은 30도 이내로 하고 미끄럼막이 간격은 30㎝ 이내로 한다.

　라) 경사로의 폭은 최소 90㎝ 이상

　마) 길이가 8m 이상일 때 7m 이내마다 계단참 설치

　바) 추락방지용 안전난간 설치

　사) 경사로 지지기둥은 3m 이내마다 설치

　아) 목재는 미송, 육송 또는 그 이상의 재질을 가질 것이어야 한다.

　자) 발판은 폭 40㎝ 이상으로 하고, 틈은 3㎝ 이내로 설치

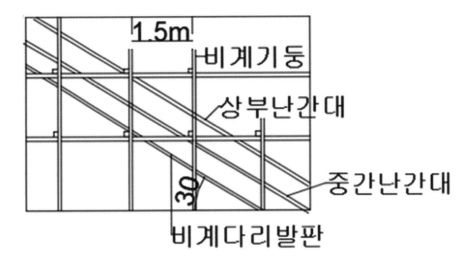

나. 강관틀(BT)비계

1) 설치 시 준수사항

　가) 비계기둥 하단부에 침하방지 및 이동식의 경우 제동장치를 사용할 것

　나) 이동식 바퀴의 지름은 최소 12.5㎝ 이상으로 하고 전도방지 장치(아웃트리거)를 설치할
　　　것이며 고저차가 있는 경우 수평상태를 유지할 것

　다) 높이가 20m를 초과하거나 중량물 적재를 수반할 경우 주틀 간격을 1.8m 이하로 할 것

라) 주틀간에 교차가새를 설치하고 최상층 및 5층 이내마다 수평재(후리도매)를 설치할 것

마) 수직방향으로 6m 수평방향으로 8m 이내마다 벽이음 할 것

바) 길이가 띠장 방향으로 4m 이하이고 높이가 10m를 초과하는 경우에는 10m 이내마다 띠장 방향으로 버팀기둥을 설치할 것

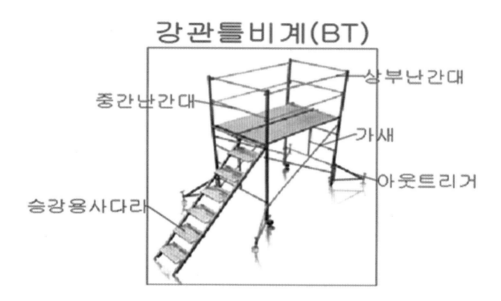

다. 달비계

건축물 외부 도장공사, 청소작업 등에 로프를 이용하여 작업발판을 설치하여 사용하는 비계

1) 달비계 설치기준

가) 달비계 바닥면은 틈새 없이 깐다. 발판의 폭은 400~600㎜ 이내로 하고 난간은 바닥에서 90㎝ 이상으로 한다.

나) 낙하물의 위험이 있을 때는 머리를 보호할 수 있도록 달비계에 유효한 천장을 한다.

다) 윈치에는 감김통과 일체가 된 톱니바퀴를 설치하고 톱니바퀴에는 톱니 누름장치를 하여 역회전을 자동으로 방지할 수 있도록 한다.

라) 와이어로프는 인장 하중에 가해지는 10배 강도의 것을 사용하고 아연도금한 직경 12㎜ 이상 간이 달비계는 9㎜ 이상을 사용한다.

마) 와이어로프는 아래에 해당되는 것은 사용할 수 없다.

- 와이어로프 한 가닥에 소선의 10% 이상 손상된 것

- 공칭 직경의 7% 이상 감소한 것

- 변형되었거나 부식된 것

- 와이어 로프를 걸 때에는 와이어 로프용 부속철물을 사용한다.

라. 달대비계

철골작업 시 안전하게 작업할 수 있도록 로프를 이용하여 작업발판을 설치하는 비계

1) 달대비계 설치기준

가) 철골작업 개소마다 안전한 구조의 작업발판을 설치한다.

나) 발판의 재료는 변형 부식 또는 심하게 손상된 것을 사용하지 않는다.

다) 작업발판의 폭은 40㎝ 이상으로 한다.

라) 안전대 부착설비를 한다.

마) 철근을 이용하여 달비계 제작시는 D13 이상으로 한다.

바) 작업발판에 최대 적재하중을 표시하고 표지판을 설치한다.

사) 작업발판 없이는 용접 작업을 금한다.

마. 말비계

실내 내부공사 시에 설치하는 작업 발판

1) 말비계 설치기준

가) 지주부 하단에 미끄럼 방지 장치를 하고 아웃트리거 및 밑둥잡이 설치할 것

나) 말비계의 높이가 2m를 초과 시 40㎝ 이상 작업발판을 설치할 것

4. 기준점(Bench Mark) 및 규준틀

가. 기준점: 건축공사 중 높이의 기준이 되도록 건축물 인근에 설치하는 표식

1) 바라보기 좋고 공사의 지장이 없는 곳에 설치

2) 건물 부근에 2개소 이상 지반면(GL)에서 0.5~1m 정도 위치에 설치하는 것이 일반적이나 경우에 따라서 경계석 위나 고목나무 옹벽 등에 설치하기도 한다.

3) 공사착수 전에 설정하며 공사 완료까지 존치한다.

4) 현장일지에 위치를 기록해 둔다.

5) 건축물의 제로점(GL)은 건축물이 위치한 전면 도로의 중심에 위치하므로 시공하는 건축물 주위에 기준점을 설치하여 레벨 측량기로 수시로 확인할 수 있도록 해야 한다.

나. 규준틀(야리가다)

1) 대지 경계선에서 건축물 이격거리를 적용하여 A라인 또는 B라인 즉 1개의 라인을 결정 후 설계치수에 맞추어 직각(오가네)을 만들어 기초 파기와 기초 공사 시 건물 각부의 위치, 높이, 기초너비, 길이를 결정하기 위한 것으로 이동 및 변형이 없도록 견고하게 설치한다.

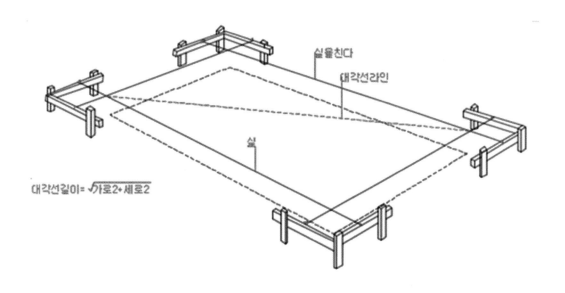

2) 직각은 3. 4. 5법칙이나 피타고라스 정리를 이용하여 결정한다.

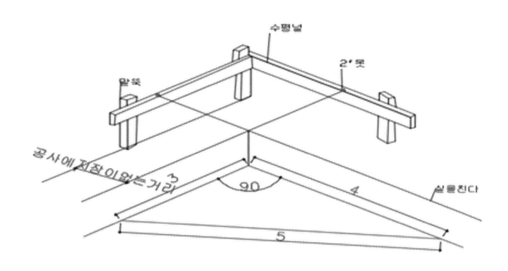

3) 위 그림과 같이 규준틀을 설치하여 대지 위에서 건축물의 위치를 정확하게 표시하여 터파기를 할 때는 건축물 중심선에서 벽체 두께를 감안하여 여유 있게 한다.

4) 기초공사가 완료될 때까지 존치되어야 한다. 기초 콘크리트 타설 후에 규준틀에 의하여 먹매김 후 구조체 공사를 하기 때문이다.

실제 현장 사진

※ 대지 경계선에서 건축물의 이격거리를 결정하는 규준틀(야리가다)는 매우 중요하다.

규준틀 설치를 실수하여 부산 동래 사는 조 모 씨는 3층건물 콘크리트 공사를 완료한 후 공사업자의 실수가 밝혀져 공사업자는 도주하고 건축주는 강제이행 부과금 4,500만 원을 납부하고 철거했다.

※ 경기 용인 주북교회 장 모 집사는 충북음성 원룸신축공사를 하면서 규준틀 설치를 잘못하여 주차공간이 나오지 않아 원룸3동 기초공사 완료 후 철거를 했다.

이와 같은 일이 비일비재하므로 반장급 이상 목수가 해야 한다.

제2장 **기초공사**

1. 토공사

토공사는 터파기 공사와 되메우기 공사를 통틀어 토공사라고 한다.

터파기는 기초의 종류에 따라 달리 하는데 이장에서는 단독주택에 가장 많이 사용하는 줄기초와 온통기초를 중점적으로 공부하기로 한다.

가. 줄기초

1) 소규모 전원주택에서는 대지공간이 넓은 관계로 오픈 컷 형식으로 터파기를 하고 기초는 온통기초 또는 줄기초로 한다.

2) 줄기초나 온통기초, 즉 경질지반에 사용하는 얕은 기초로 둘 중에 하나를 선택하여 사용할 수 있다.

3) 줄기초의 기초판은 그 지역의 동결선 밑에 위치하고 터파기 시에 기초판 두께, 버림콘크리트 두께, 잡석 두께를 고려한 깊이로 파야 한다.

4) 줄기초는 건축물 외벽하단 및 내벽하단에 벽체 길이방향으로 설치된다.

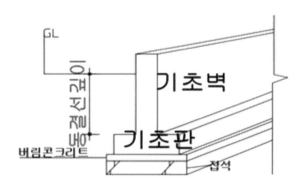

나. 온통기초(매트기초)

경질지반에 사용하는 얕은 기초로 특히 전원주택에 많이 사용하고 줄기초보다 공정이 적어 공사기간이 빠르고 비용이 적게 드는 이점이 있다.

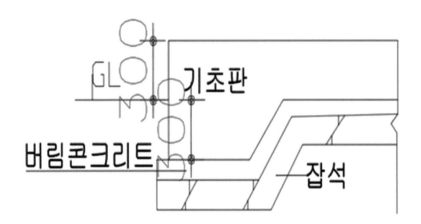

1) 기초 바닥면 4방향 폭 600㎜ 정도는 두께를 600㎜ 이상으로 하여 지면으로부터 300㎜ 이상은 땅에 묻히고 300㎜ 정도는 지표면보다 높아야 한다.

2) 폭우 시 바닥면에 물이 차오를 수도 있고 지표면이 쓸려나가 기초밑바닥이 드러날 수 있는 것을 방지하기 위함이다.

3) 기초판 전체를 600㎜ 이상 두께를 하기도 하지만 콘크리트 양을 절약하기 위해 가장자리만 두껍게 하기도 한다.

다. 터파기

터파기는 작업 중 무너질 수 있으므로 항상 휴식각을 고려하여 터파기를 한다.

1) 공사 착수 전 준비사항

　가) 지하매설물의 위치 확인

　나) 수평규준틀을 설치하여 건물의 위치 확인, 2개소 이상의 벤치마크(기준점)를 설치하고, 배치도에 의한 정확한 규준틀 작업

　다) 터파기 장비: 포크레인 0.2W 또는 0.6W

2) 기초터파기

  가) 터파기는 가로규준틀을 설치한 후 포크레인으로 터파기 한다.

  나) 도면에 규정된 폭으로 판다.

  다) 줄기초 터파기는 휴식각을 고려하여 경사파기 한 후 나중에 되메우기한다.

  라) 기초터파기는 지반의 여건을 고려하여 필요에 따라 흙막이 공사를 추가한다.

※ 규준틀을 이용해 중심선을 기준으로 실을 친 다음 벽체 두께를 감안하여 터파기를 하되 휴
  식각을 고려하여 터파기한다.

3) 공사 시 안전규칙

  가) 굴착 깊이가 1m 이상 시 근로자가 안전하게 승
    강할 수 있는 승강로를 설치하고 안전 난간을
    설치하여 추락을 방지한다.

  나) 작업구역 내 관계자 외 출입 금지구역을 설정하고 관리감독자를 배치한다.

다) 굴착 깊이가 10m가 넘을 경우 안전기술사의 검토를 받아야 하고 안전지도를 받거나 전담 안전관리자를 선임해야 한다.

라) 휴식각: 흙 자체중량으로 경사면에 정지하는 각도

마) 토사의 휴식각: 모래와 점토지반의 휴식각은 함수율에 따라 약간 차이가 있다.

① 습윤 상태의 진흙 휴식각: 20~45도

② 습윤 상태의 모래 휴식각: 20~35도

4) 지정공사

기초구조물의 하중을 지반면에 안전하게 전달하기 위하여 지반을 개량하는 공사

가) 잡석다짐

① 지름 2~4.5㎝ 정도의 깬 자갈(석분)을 깔고 가장자리에서 중앙부로 다진다.

② 잡석 다짐, 재생골재 혹은 깬 자갈과 석분 등으로 바닥을 다진다.

③ 두께는 50~100㎜ 정도를 유지한다.

나) 버림콘크리트 타설

① 압축강도 14Mpa 정도의 콘크리트를 두께 50~80㎜로 타설한다.

② 버림 콘크리트는 지반개량과 동시에 먹매김을 하기 위한 것이다.

2. 기초공사

건축물의 상부 구조물의 하중을 지반면에 안전하게 전달하는 구조로 건축물에 있어서는 대단히 중요한 부분이다.

가. 먹매김

먹매김은 건축 공사 시 먹통, 먹물, 실(먹줄)을 이용하여 기초, 기둥, 옹벽 등이 세워질 곳에 표시해 두는 작업을 말한다.

1) 먹매김을 할 때는 도면에 축소되어 표시된 것을 실제 시공 위치에 축척 1:1의 비율로 표시한다.

2) 먹매김 작업 후 합판 재질의 거푸집, 유로폼을 이용한 형틀작업과 철근 배근작업이 이루어진다.

3) 보통 현장에서는 버림콘크리트 타설 후 그 이튿날 발이 빠지지 않을 정도로 경화 후 작업을한다. 구조체가 아니므로 크게 문제되지 않는다.

4) 옹벽의 위치 욕실 및 각실의 위치가 정확히 먹매김이 되어야 철근 배근 및 하수관 오수관 급
　수관 배관 작업을 할 수 있다.

※ 최근에는 지면에서 올라오는 냉기 및 습기를 차단하기 위해 버림콘크리트 위에 단열재(스티
　로폼)를 두께 50~100㎜ 정도로 깔고 철근 배근을 많이 하는 추세다.

나. 철근 배근

1) 기초철근 배근계획

　가) 가공

　- 철근의 가공은 복잡하고 중요한 공사가 아닌 경우 현장에서 가공한다.

　- 가공기구: 절단기, Bar Bender, Hooker Pipe 등

　나) 철근의 결속

　- 결속선은 #18-#20을 사용하여 단단히 고정한다.

　다) 철근이음 및 정착길이

　- 철근의 지름은 D로 표시한다.

　- 복배근일 경우 상부근은 인장근이고 하부근은 압축근이다.

하부철근 배근 중

구분	압축력	인장력	비고
보통콘크리트	25d 이상	40d 이상	
경량콘크리트	30d 이상	50d 이상	

2) 철근의 이음

  가) 인장력이 적은 곳에서 이음을 하고 동일 장소에서 철근수의 반 이상을 잇지 않는다.

  나) D29 이상의 철근은 겹침 이음을 하지 않는다.

  다) 철근의 지름이 다를 때는 작은 지름의 철근을 기준으로 한다.

  라) 보의 철근 이음은 상부근은 중앙, 하부근은 단부에서 한다.

3) 철근 배근 순서

  가) 단변방향의 철근이 주철근이고 길이방향의 철근을 온도철근 또는 배력근이라 한다.

  나) 바닥판이나 슬래브는 하부철근 중에 주근을 먼저 설치하고 난 뒤 길이방향 철근 즉 배력
  근을 배근한다.

  다) 하부철근이 배근 완료되면 오수관, 하수관, 급수관, 전선관을 배관한다.

  라) 모든 배관 완료 후 상부철근을 배근한다.

  이때 길이방향 철근을 배근하고 난 뒤 단변방향 주철근을 배근한다.

상부철근 배근 완료

4) 철근의 피복 두께 유지 목적

　　가) 피복 두께: 콘크리트 표면에서 최 외단 철근 표면까지의 거리를 말한다.

　　나) 내구성(철근의 방청)유지

　　다) 시공상 콘크리트 치기의 유동성 유지(굵은 골재의 유동성 유지)

　　라) 구조 내력상 피복으로 부착력 증대

　　마) 철근의 피복 두께

　　바) 공기 중에 노출되는 부분 40㎜

　　사) 흙에 영구적으로 묻히는 부분 80㎜ 이상

　　아) 수중에 영구적으로 묻히는 부분 100㎜ 이상 유지

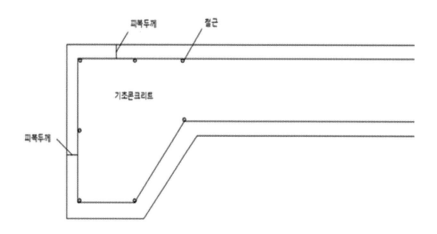

※ 철근의 피복 두께는 건축물의 수명과 밀접한 관계가 있다.

　미국은 콘크리트 건축물 수명을 100년으로 보고 있다. 이유는 슬래브 철근콘크리트 피복 두께가 40㎜로 규정하고 있어 알칼리성인 콘크리트가 공기 중에서 탄산가스와 결합하여 중성화가 되어가는 기간이 100년이다.

※ 우리나라 건축물의 슬래브 철근 콘크리트 피복 두께가 25㎜이라 재건축 년한이 40년이다.

수직거푸집용 스페이서   바닥용 스페이서

자) 바닥철근의 피복 두께는 콘크리트 블록으로 된 스페이서를 사용해 두께를 유지시킨다.

차) 수직면의 피복 두께는 PVC로 된 스페이서를 사용해 피복 두께를 유지한다.

※ 현장의 근로자 또는 공사 업자들은 비용이 많이 드는 것보다는 귀찮고 자기 편리대로 일하기 때문에 감독자가 눈만 돌리면 제대로 하지 않는다.

5) 철근누락방지

가) 철근 배근 시 주의하여 철근누락을 방지한다.

나) 상부근 평활도 유지계획

- 양쪽에 끈으로 고정하여 평활도를 면밀히 검토하면서 시공한다.

다. 기초 거푸집(형틀) 작업계획

1) 기초형틀의 종류: 아래 두 가지 중 한 가지를 이용한다.

가) 유로폼

나) 합판 패널 거푸집

2) 공사착수 전 마감상태

가) 철근 배근이 완료되어야 한다.

나) 거푸집을 설치할 바닥면이 어느 정도 평평하도록 유지하여야 한다.

3) 시공

　가) 거푸집의 면이 고르고 일정한 것만을 사용하도록 한다.

　나) 거푸집 제거가 쉽도록 박리제를 거푸집에 칠할 수 있다.

　다) 배부름, 치수 변화 등이 발생하지 않도록 지지대를 단단히 여맨다.

4) 거푸집에 사용되는 부속 재료

　가) 격리재(Seperator): 거푸집 상호간 간격 유지, 오므라드는 것을 방지한다.

나) 긴장재(Form tie): 거푸집 형상을 유지, 벌어지는 것 방지

다) 간격재(Spacer): 철근과 거푸집의 간격을 유지

라) 박리재: 콘크리트와 거푸집의 박리를 용이하게 하는 것으로 중유, 석유, 동식물유, 아인유 등을 사용한다.

5) 거푸집 면적 산출

가) 기둥: 기둥 둘레 길이×높이=거푸집 면적

나) 기둥 높이: 바닥판 내부간 높이

다) 벽: (벽 면적-개구부 면적)×2

라) 개구부: 면적이 1㎡ 미만인 경우 거푸집 면적에 산입한다.

마) 기초: 경사도 30도 미만은 면적 계산에서 제외한다.

바) 보: 기둥 내부 간 길이×바닥판 두께를 뺀 보 옆 면적×2

사) 바닥: 외벽의 두께를 뺀 내벽 간 바닥 면적

라. 기초 콘크리트 타설 계획

① 착수 전 점검사항

② 급, 배수, 오수 등의 설비배관 상태 확인

③ 전선입선 상태 확인

④ 철근의 피복 두께 확인

1) 콘크리트의 종류 및 사양

① 시멘트는 포틀랜드시멘트를 사용한다.

② 4주 압축강도: 18Mpa, 21Mpa

③ 슬럼프: 12㎝

④ 콘크리트의 종류: Redy Mixed Concrete

2) 레미콘 주문 시 '25-21-12'를 불러 주어 주문한다.

25-최대골재치수 / 21-콘크리트 압축강도 / 12-슬럼프값(콘크리트 반죽 질기)

※ 농로 포장과 같이 레미콘 자체 슈트로 타설 시는 슬럼프8 펌프로 압송하여 타설 시는 슬럼프 12로 한다. 슬럼프값의 숫자가 높으면 반죽 질기는 물러진다.

3) 콘크리트공사 일반

가) 물과 시멘트의 비

① 콘크리트 강도에 가장 많이 영향을 준다.

② 물이 많으면 반죽 질기는 좋으나 강도가 저하되고 재료분리 현상이 생긴다.

나) 혼화제

① AE제를 사용하면 시공연도가 증진되며 분산제와 포졸란도 좋다. 공기량 1% 증가 시 슬럼프 값 2㎝ 정도 증가한다.

다) 블리딩 현상

① 콘크리트 타설 후 물과 미세한 물질들이 상승하고 무거운 골재 시멘트 등은 침하하게 되는 현상으로 일종의 재료 분리 현상이다.

라) 레이턴스

① 블리딩수의 증가에 수의 증가에 따라 콘크리트 면에 침적된 백색의 미세한 물질로 콘크리트 품질을 저하시킨다.

마) 공기량의 성질

① AE제를 넣을수록 공기량은 증가

② AE제의 공기량은 기계 비빔보다 손 비빔에서 증가하고 비빔시간 3~5분까지 증가하고 그 이후는 감소한다.

바) AE공기량은 온도가 높을수록 감소하고 진동을 주면 감소한다.

사) 콘크리트 강도에 영향을 주는 요소

① 물, 시멘트 비, 골재의 혼합비, 골재의 성질과 입도, 양생 방법과 재령

② 콘크리트의 건조 수축

아) 습윤 상태에 있는 콘크리트가 건조하여 수축하는 현상으로 하중과는 관계 없는 콘크리트의 인장력에 의한 균열이다.

① 단위 시멘트량 단위수량이 클수록 크다.

② 골재 중의 점토분이 많을수록 크다.

③ 공기량이 많아지면 공극이 많으므로 크다.

④ 골재가 경질이고 탄성계수가 클수록 적다.

⑤ 충분한 습윤 양생을 할수록 적다.

자) 콘크리트 크리프

① 콘크리트에 하중이 작용하면 그것에 비례하는 순간적인 변형이 생긴다. 그 후에 하중의 증가는 없는데 하중이 지속하여 재하될 경우 변형이 시간과 더불어 증대하는 현상

4) 콘크리트의 중성화

가) 수산화석회가 시간의 경과와 함께 콘크리트 표면으로부터 공기 중의 CO_2의 영향을 받아 서서히 탄산석회로 변하여 알칼리성을 상실하게 되는 현상

나) 중성화의 영향

① 철근 녹 발생: 체적팽창 2.6배 → 콘크리트 균열 발생

② 균열 부분으로 물, 공기 유입 → 철근부식 가속화

③ 철근 콘크리트 강도 약화로 구조물 노후화 → 내구성 저하

④ 균열 발생으로 수밀성 저하 → 누수발생

⑤ 생활환경: 누수로 실내 습기 증가, 곰팡이 발생

다) 콘크리트 설계기준 강도

① 콘크리트 재령 28일의 압축강도를 말한다.

라) 타설

① 콘크리트 낙하거리는 1m 이하로 하며 수직 타설을 원칙으로 한다.

② 이어 붓기는 하지 않는 것을 원칙으로 하나 부득이한 경우 다음에 따른다.

· 슬래브의 이어 붓기 위치: Span의 1/2 부근에서 수직으로 한다.

· 이어 붓기 시간은 외기 25℃ 이상일 때 2시간, 미만일 때 2.5시간 이내로 한다.

③ 타설 장비: 펌프카 중형

마) 콘크리트 보양(양생)방법

① 습윤 양생

② 수중 또는 살수 보양하여 습윤 상태를 유지하는 것

바) 증기보양

① 단기간에 강도를 얻기 위해 고온 고압증기로 보양하며 거푸집을 빨리 제거하고 단시일에 소요강도를 얻기 위한 것으로 PC제품, 한중 콘크리트에 적합하다.

사) 전기보양

① 저압 교류를 통하여 전기 저항의 열을 이용한 것으로 철근 부식 및 부착강도 저하의 우려가 있다.

아) 피막보양

① 표면에 피막 보양제를 뿌려 수분 증발을 방지하는 것으로 포장 콘크리트 보양에 적당하다.

5) 서중 콘크리트

가) 콘크리트 타설 시 기온이 30℃ 이상이거나 월 평균 기온이 25℃ 이상일 때 시공하는 콘크리트를 말한다.

나) 문제점

① 공기연행이 어려워 공기량 조절이 곤란하다.

② 슬럼프 저하가 크다.

③ 동일 슬럼프를 얻기 위한 단위수량이 크다.

④ 콜드 조인트가 발생하기 쉽다.

⑤ 초기강도 발현이 빠르다.

6) 한중 콘크리트

① 온도가 2℃ 이하가 되고 보온설비가 없으면 콘크리트 공사를 중지하여야 한다.

② 작업 중 기온이 2~5℃이면 물을 가열하고 0℃ 이하이면 골재를 가열한다.

③ 초기 동해 방지를 위해 5MPa 이상 될 때까지 5℃ 이상 유지를 해야 한다.

※ 기본적으로 단독주택 기초공사용 콘크리트는 압축강도 210kg/㎠ 이상으로 하고 내진구
　조는 압축강도 240kg/㎠ 이상으로 한다.

기초 콘크리트 타설 완료

7) 기초 거푸집 및 수직 부재 존치 기간

평균기온	시멘트의 종류		비고
구분	조강포틀랜드시멘트	보통포틀랜드시멘트	
20℃ 이상	2	4	
10~20℃	3	6	

※ 콘크리트 존치 기간은 초기강도가 5Mpa 이상일 때 거푸집을 해체한다.

　가) 일반적으로 기초 거푸집은 기온이 영상 5℃ 이상일 때 4일 이상 지나서 해체한다.

　나) 거푸집 제거 후 7일간 습윤 양생한다.

※ 거푸집을 너무 일찍 해체하면 급격한 수분 증발로 콘크리트가 굳는 것이 아니라 건조되어 콘
　크리트 강도가 나오지 않으며 발이 빠지지 않는다고 덜 굳은 콘크리트 바닥 위에 작업을 하면
　눈에 보이지 않는 균열이 생기면 콘크리트는 다시 붙지 않는다.

제3장 구조체공사

1. 콘크리트 구조체공사

가. 콘크리트 구조체공사

1) 먹매김

규준틀 중심선 위치에 박아둔 못(중심선)에서 간격을 50㎝ 또는 1m 이격시켜 기초콘크리트 바닥 위에 기준먹을 놓고 기준먹을 기준으로 벽체 두께 먹매김을 한다.

2) 토대(네모도)설치

기초바닥 가장 높은 데를 기준으로 50㎜ 정도 높이로 수평되게 각재를 이용하여 토대를 설치한다. 수평이 맞지 않으면 거푸집을 설치할 수도 없을 뿐더러 유로폼 핀을 고정시킬 수가 없다.

3) 거푸집 설치작업

기 설치된 토대(네모도) 위에 유로폼 거푸집을 설치한다.

거푸집 하단은 토대상단에 못으로 고정시키고 폼타이를 절대 누락 없이 체결하고 횡바다 종바다를 체결하고 헹가로 고정한다.

내부 거푸집 설치 후 철근 배근

4) 철근 배근

철근은 설계치수에 맞게 정확히 철근 배근을 하고 반드시 철근의 피복 두께를 유지시켜야 한다. 수직으로 된 거푸집에는 PVC로 된 스페이서 슬래브 바닥에는 콘크리트로 된 스페이서로 피복 두께를 유지한다.

수직거푸집용 스페이서

바닥용 스페이서

5) 슬래브 거푸집 설치

가) 내벽 거푸집 설치 후 슬래브 거푸집을 설치한다.

나) 먼저 멍에를 설치하고 동바리(Support)를 설치한다.

동바리 및 멍에의 간격은 슬래브 두께가 150㎜ 미만은 1.5m 이내로 하고 두께가 300㎜ 미만은 동바리 멍에 간격이 800㎜ 이내여야 하고 슬래브 두께가 500㎜ 미만은 600㎜ 이내 간격으로 한다.

다) 동바리는 오와 열을 맞추어 설치하고 동바리의 중간높이에 수평연결재(후리도매)를 설치하고 가로방향과 세로방향으로 가새를 설치하여 좌굴방지시설을 반드시 해야 한다.

라) 장선간격은 300㎜ 이내로 하고 바닥판 판재는 내수합판 THK12로 한다.

※ 가새와 수평연결재 멍에 동바리 간격을 엄격히 지키지 않으면 콘크리트 타설 중 붕괴사고의 원인이 된다.

슬래브 거푸집 설치 중

마) 생 콘크리트 측압에 영향을 주는 요소

① 타설 속도: 타설 속도가 빠를수록 크다.

② 컨시스턴 시: 슬럼프 값이 클수록 크다.

③ 콘크리트 비중: 콘크리트 비중이 클수록 크다.

④ 시멘트량: 빈배합보다 부배합일수록 크다.

⑤ 온도: 온도가 낮을수록 측압은 크다.

⑥ 시멘트 종류: 응결 시간이 빠를수록 작다.

⑦ 거푸집 수평 단면: 단면이 클수록 크다.

⑧ 진동기 사용: 다질수록 크다. 30% 증가

⑨ 타설 높이: 높을수록 크다.

⑩ 거푸집의 강성: 강성이 클수록 크다.

⑪ 철근량: 철근량이 많을수록 측압은 작다.

※ 온도가 높을수록, 응결이 빠를수록, 누수성이 클수록, 철근량이 많을수록 측압은 작다.

※ 거푸집은 반드시 측압 및 수직하중을 감안하여 설치한다.

철근 배근 완료

6) 구조체 콘크리트 타설

가) 타설

- 콘크리트 낙하거리는 1m 이하로 하며 수직 타설을 원칙으로 한다.

- 이어 붓기는 하지 않는 것을 원칙으로 하나 부득이한 경우 다음에 따른다.

- 슬래브의 이어 붓기 위치: Span의 1/2 부근에서 수직으로 한다.

- 이어 붓기 시간은 외기 25℃ 이상일 때 2시간, 미만일 때 2.5시간 이내로 한다.

- 타설 장비: 펌프카 중형

나) ₩ 다짐

① 진동기(바이브레타) 사용법

- 바이브레타 다짐봉을 60㎝ 간격으로 40~50초간 다짐한다.

- 다짐봉을 찔러넣을 때는 신속하게, 빼낼 때는 7~8초간 천천히 빼내면서 기포가 따라 올라
  오게 한다.

- 다짐봉이 거푸집에 닿지 않도록 한다. 거푸집에 닿으면 거푸집에 물방울이 발생하여 거푸

집 제거 후 기포자국(물곤보)이 생긴다.

- 다짐봉을 철근에 닿지 않도록 한다. 철근에 닿으면 콘크리트와 철근의 부착력이 떨어진다.

다) 콘크리트 다짐을 게을리 하면 부실공사로 이어진다.

다짐불량 철거대상 구조물

- 위의 사진은 콘크리트 다짐을 게을리하여 발생한 것으로 철거 대상이다. 이와 같이 시공하고도 공사업자들은 시멘트몰탈로 메꾸면 된다고 한다.

- 시멘트몰탈은 레미콘 콘크리트와 같은 강도가 나오지 않으며 수밀성이 떨어져 습기로 인한 철근 부식의 원인이 되며 내진성능은 없어진다.

※ 설계만 내진설계한다고 건축물이 내진성능을 가지는 것이 아니다.

7) 콘크리트 양생

급격한 수분 증발로 인한 균열을 방지하기 위해 콘크리트 타설 후 4시간 경과 후 비닐이나 부직포로 덮어 수분증발을 방지하고 수축균열을 방지해야 한다.

가) 시멘트는 수경성 재료로 수분이 있어야 경화가 되며 압축강도가 제대로 나온다.

나) 일사광에 노출시키면 급격한 수분증발로 균열이 생기고 굳는 것이 아니라 건조가 되어 압축강도가 현저하게 떨어진다.

다) 공사현장에서 콘크리트 타설 후 양생기간 없이 바로 일을 하게 되면 눈에 보이지 않는 균열이 발생하는데 이는 다시 붙지 않아 누수현상이 발생하고 건축물 수명이 현저히 단축된다.

※ 해외 현장에서는 슬래브 콘크리트는 일반적으로 15일 이상 습윤양생한다.

8) 거푸집 해체시기

가) 바닥 보 밑 지붕 slab 거푸집 존치기간은 만곡강도의 80% 이상일 때 받침기둥을 제거하고 해체한다.

나) 만곡강도는 콘크리트 타설 후 28일 경과 후 압축강도를 말한다.

다) 거푸집 존치기간 계산은 콘크리트 경화 중 최저 기온이 5℃ 이하로 되었을 때 1일을 0.5일로 환산하여 존치기간을 연장한다.

라) 기온이 0℃ 이하일 때 존치기간을 산입하지 않는다.

나. 콘크리트 구조체공사 물량산출

1) 거푸집 물량 산출

가) 기둥: 기둥 둘레 길이×높이=거푸집 면

나) 기둥 높이: 바닥판 내부간 높이

다) 벽: (벽 면적-개구부 면적)×2

라) 개구부: 면적이 1㎡ 미만인 경우 거푸집 면적에 산입한다.

마) 기초: 경사도 30도 미만은 면적 계산에서 제외한다.

바) 보: 기둥 내부 간 길이×바닥판 두께를 뺀 보 옆 면적×2

사) 바닥: 외벽의 두께를 뺀 내벽 간 바닥 면적

※ 거푸집물량의 단위는 ㎡로 하며 건축에서 '헤베'라고 부르며 개구부는 1㎡ 미만은 면적 산출에 포함하지 않는다.

2) 철근물량산출

가) 이형 철근의 단위 중량

규격	중량(kg)	길이(m)	규격	중량(kg)	길이(m)
D10	0.56	1	D13	0.995	1
D16	1.56	1	D19	2.25	1
D22	3.04	1	D25	3.98	1

나) 예를 들어 길이 폭 10*10m에 D10 @200이라면 (10/0.2+1)개수×10길이×0.56무게=285.6

kg×2(가로, 세로)=571.2kg 정미수량

이형 철근의 할증률 3%를 적용하면 된다. 정미수량+할증률=철근소요량

3) 콘크리트 물량산출

가로×세로×두께=㎥(입방미터)로 산출한다. 입방미터를 '루베'라고 부른다.

예: 가로 10m×세로 10m×0.2m=20㎥(루베)로 계산한다.

2. 조적공사

조적공사란 담장을 쌓듯이 석재나 벽돌, 콘크리트 블록 등의 재료를 쌓는 공사를 말한다.

가. 조적공사 주의사항

1) 1일 쌓기 양은 1.2~1.5m 이내로 한다.

2) 벽돌쌓기 전날 벽돌에 물축임 하여 포화상태로 만든 다음 쌓는다.

건조한 벽돌 위에 시멘트몰탈을 붙이면 몰탈의 수분이 벽돌로 흡수되어 시멘트몰탈이 양생이

되지 않고 건조되므로 시멘트몰탈의 부착력이 없어지고 벽돌은 무게에 의해 눌려 있게 된다.

3) 줄눈 시멘트몰탈의 두께는 10㎜를 유지하고 벽돌의 틈새를 밀실하게 채운다.

4) 대린벽의 길이는 10m를 넘지 않게 한다.

수평력에 약하기 때문에 충격이나 진동에 의해 붕괴될 수도 있다.

5) 벽돌벽의 높이는 4m를 넘지 않게 하고 테두리보를 설치한다.

6) 조적벽은 습식공사로 기온이 5℃ 이하로 내려가면 동해를 입지 않도록 보양을 하여 상온을 유지해야 한다.

7) 줄눈용 시멘트몰탈은 시멘트:모래(1:3)으로 한다.

몰탈 1㎥=시멘트 510kg:모래 1.1㎥로 혼합한 뒤 물을 섞어 반죽한다.

※ 시멘트는 수경성으로 물이 있어야 양생(경화) 된다.

나. 바탕처리

바탕처리는 조적 미장 타일 도장 방수공사에 있어 가장 기본이며 가장 중요하다. 모든 공사의 하자원인이 되기도 한다.

1) 벽돌쌓기 바탕처리

벽돌쌓기 바탕은 콘크리트면이다. 청소를 깨끗이 하고 돌출물은 제거하고 패인면은 몰탈을 채워 수평이 되도록 평활하게 한 다음 벽돌을 쌓는다. 이때 바닥이 너무 건조하면 물축임을 한다.

다. 벽돌쌓기

1) 벽돌의 종류

가) 시멘트 벽돌

① 규격: 90*190*57(표준형벽돌)

② 시멘트+왕모래+물을 혼합하여 압축성형한 후 양생과정을 거쳐 만듦. 벽돌 KS F 4004 압축강도 80kg/㎠ 이상의 것.

나) 적벽돌(점토벽돌)

① 규격: 90*190*57(표준형벽돌)

② 점토, 규사, 장석, 석회석을 배합하여 성형 소성의 과정을 거쳐 만든 벽돌, KS L 4201 규정에 합격한 것.

다) 경량벽돌

① 규격: 90*190*57(표준형벽돌)

② 속이 빈 중공벽돌 또는 톱밥이나 연탄재를 혼합하여 만든 것으로 다공질이며 무게가 가

법다.

2) 세로 규준틀 설치

가) 다림추 또는 수평자를 이용해 수직으로 기둥을 세우고 벽돌 나누기를 한다.

나) 수평으로 벽돌쌓기 방향으로 실을 친 다음 실에 맞춰 벽돌을 쌓는다.

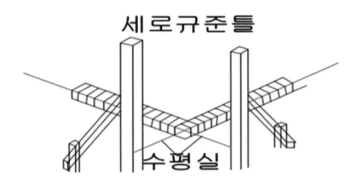

3) 벽돌쌓기

가) 벽돌쌓기 종류

영국식, 프랑스식, 네덜란드식, 미국식이 있으나 국내 공사에는 주로 영국식 쌓기를 한다.

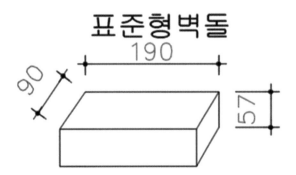

나) 적벽돌 쌓기

적벽돌 쌓기는 대부분 치장쌓기로 0.5B 두께로 쌓는다.

① 내력벽 외부에 치장벽돌 쌓기는 수직방향 40㎝, 수평방향 90㎝ 간격으로 연결한다. 철물

로 고정하여 진동이나 충격에 의한 벽돌의 붕괴 또는 탈락을
방지한다.

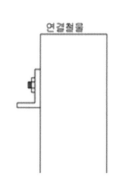

② 치장줄눈은 경화되기 전에 줄눈파기를 하고 청소한다.

③ 일일 작업 후 야간에 이슬 또는 비 등 수분 침투를 방지하기 위
해 비닐 또는 보호재를 설치한다.

④ 일일쌓기 작업 후 벽돌에 묻은 시멘트를 깨끗이 닦는다.

다) 시멘트벽돌 쌓기

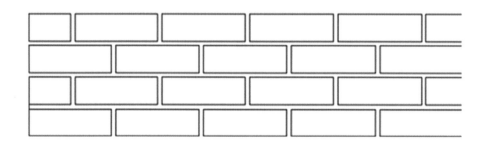

① 벽돌의 줄눈간격은 정확히 10㎜를 유지시킨다.

② 현재 국내 벽돌쌓기는 영국식이 대부분이다.

③ 길이쌓기와 마구리쌓기를 한켜씩 번갈아 쌓는다.

④ 통줄눈이 생기지 않는 가장 튼튼한 방법이다.

라) 두께별 쌓기 종류

① 0.5B쌓기(한마이)

90㎜ 폭으로 길이방향으로 쌓은 조적벽

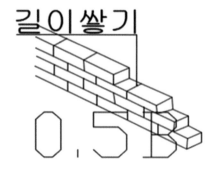

② 1.0B쌓기(이찌마이)

③ 바닥 먹선에 맞추어 시멘트몰탈을 흙손으로 수평되게 편다.

④ 세로규준틀에 벽돌 나누기를 한 다음 마구리쌓기 한켜, 길이쌓기 한켜씩 번갈아 쌓는다.

⑤ 문틀 및 개구부 상부는 반드시 200*200 이상 크기로 인방보를 설치한다.

⑥ 현장에서 거푸집을 짠 다음 철근 배근을 하고 콘크리트를 부어 넣어 제작하되 양끝을 벽체 벽돌 위에 200㎜씩 걸치게 제작한다.

※ 세로줄눈이나 가로줄눈이 10㎜씩 일정해야 하고 모서리부분 및 양 끝단에 기준쌓기를 먼저 하고 실을 친 다음 중앙부 쌓기를 한다.

4) 벽돌쌓기 적산

벽돌의 할증률은 시멘트벽돌 5%, 붉은벽돌 3% 가산한다.

　가) 0.5B 벽돌쌓기

　1㎡ 쌓는 데 벽돌 75매, 벽돌과 벽돌 1,000매당 시멘트몰탈 0.25㎥ 사용된다.

　예: 벽면적 100㎡를 시멘트 벽돌 0.5B 쌓기 벽돌 소요량 산출

　100×75×1.03=7,725매 벽돌 소요량

　7,725매×0.25/1,000=1.9㎥ 시멘트몰탈량

　1.9×시멘트 510kg/40kg 시멘트 1포=시멘트 24.2포대

　1.9×모래 1.1㎥=모래 2.1㎥, 모래 1톤차 두 대

5) 1.0B 쌓기 적산

　가) 1.0B 벽돌쌓기

　1㎡를 쌓는 데 벽돌 149매, 벽돌과 벽돌 1,000매당 시멘트몰탈 0.33㎡ 사용된다.

　예: 벽면적 100㎡를 시멘트 벽돌 1.0B 쌓기 벽돌 소요량 산출

　100×149×1.03=14,900매 벽돌 소요량

　14,900매×0.33/1,000=4.9㎡ 시멘트몰탈량

　4.9×시멘트 510kg/40kg 시멘트 1포=시멘트 62.5포대

　4.9×모래 1.1㎡=모래 5.4㎡

라. 시멘트 블록쌓기

1) 바탕준비 및 먹매김

　가) 블록쌓기 바탕은 콘크리트면이다.

　청소를 깨끗이 하고 돌출물은 제거하고 패인 면은 몰탈을 채워 수평이 되도록 평활하게 한
다음 벽돌을 쌓는다. 이때 바닥이 너무 건조하면 물축임을 한다.

　나) 블록벽의 위치를 먹매김한다.

　다) 모서리(코너) 부분과 끝부분 기준쌓기를 한 다음 실을 친 다음 중앙부 쌓기를 한다.

　라) 블록을 쌓을 때 살두께가 두꺼운 부분이 항상 위로 향하게 쌓는다.

　※ 시멘트 블록의 폭은 100, 150, 190㎜로 3종류가 있다.

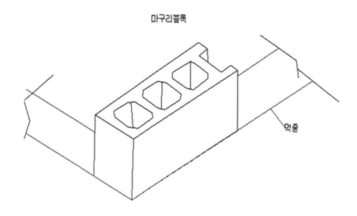

마) 쌓기 전에 물축임하여 줄눈 시멘트몰탈이 건생이 되는 것을 방지한다.

바) 줄눈 시멘트몰탈은 10㎜ 두께로 유지하고 통줄눈을 피하고 시멘트몰탈은 시멘트:모래
(1:3)의 비율로 한다. 시멘트 510kg:모래 1.1㎥로 한다.

사) 치장쌓기의 경우 블록 표면을 청소하고 줄눈파기를 한 다음 줄눈시공을 한다.

※ 실내 칸막이 벽공사 시 세로규준틀 대신 레이저레벨기로 바닥면과 천정 슬래브 하단에
수직점에 콘크리트 못을 박고 수직실을 친 다음 실에다 벽돌 나누기 표시를 사인펜으로
하고 기준쌓기를 하고 실을 쳐 중앙부 쌓기를 하기도 한다.

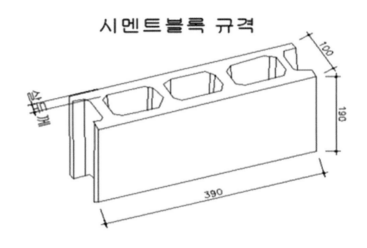

※ 시멘트 벽돌벽과 마찬가지로 개구부상단은 인방보를 설치한다. 인방블록을 사용하기도 한다.

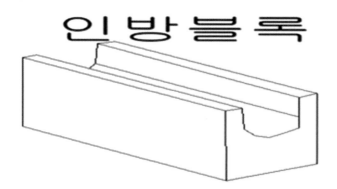

2) 보강블록 쌓기

블록 중공부에 세로로 철근을 끼워넣고 가로, 즉 벽길이방향으로 와이어메쉬를 배근하고 블록 중공부에 몰탈을 채워 넣고 길이 방향으로 10㎜ 두께로 줄눈몰탈을 시공한다.

　가) 보강블록 쌓기는 대부분 통줄눈으로 시공한다.

　나) 시멘트블록 적산

　① 1㎡당 시멘트블록 13매(할증율 4% 포함한 숫자)

　② 치수별 재료표 벽면적 1㎡ 기준

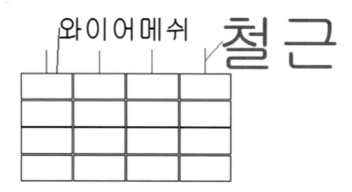

블록치수	블록매수	몰탈량(㎥)	시멘트(kg)	모래(㎥)
190*390*100	13	0.006	3.06	0.007
190*390*150	13	0.009	4.59	0.01
190*390*190	13	0.01	5.1	0.011

마. ALC블록 쌓기

ALC 블록은 30년 전에 칸막벽 재료로 국내에 도입됐으나 현재는 노래방 칸막이와 전원주택 내외벽 재료로 각광을 받고 있으며 다공질로 단열이 탁월하고 차음 효과가 있으며 습기에 취약한 단점이 있으나 건축물은 외부 마감재시공으로 큰 문제가 되지 않는다.

1) ALC 블록의 특징

　　가) 압축강도는 6~8Mpa이다.

　　나) 단열이 탁월하고 차음성이 뛰어나다.

　　다) 무게는 콘크리트의 1/4로 가벼워 작업효율이 높다.

　　라) 습기에 취약한 단점이 있으나 건축물 마감재를 시공하므로 큰 문제되지 않는다.

2) ALC블록의 규격

가) ALC블록의 규격은 600*400*100, 125㎜가 있고 600*300*150, 200㎜가 있다.

나) 시멘트 블록보다 크기가 크고 무게가 가벼워 작업속도가 빠르다.

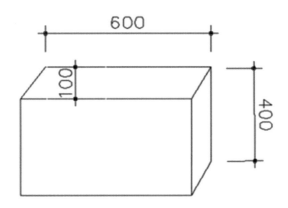

3) ALC블록 쌓기

가) 조적벽 쌓기는 시멘트 벽돌 및 블록쌓기와 동일하나 몰탈은 및 ALC쌓기용 몰탈을 사용한다.

① ALC몰탈을 10㎜ 두께로 줄눈시공

② ALC블록 두켜마다 화이바 그라스메쉬를 블록의 넓이와 같은 폭으로 재단하여 길이 방향으로 펴고 그 위에 줄눈몰탈을 편다. 수평력을 보강하기 위해서다.

③ 화이바 그라스메쉬는 1*100m로 재단하여 쓴다.

④ ALC블록은 목공용 톱으로 절단 및 재단이 가능한 장점이 있다.

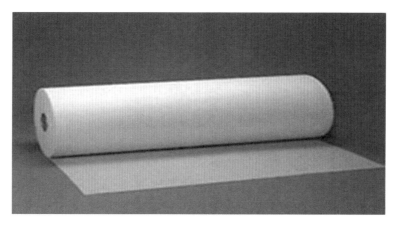

화이바그라스메쉬

※ 대부분의 공사 업자들은 ALC블록이 시멘트벽돌보다 가격이 비싸다고 기피하기도 한다.
최종 마감까지 시공비를 계산하면 결코 비싼 것이 아니다.

4) ALC 블록쌓기 적산

규격	ALC몰탈(kg)	규격	ALC몰탈(kg)
600*400*100	6.0	600*300*150	9.5
600*400*125	7.0	600*300*200	12

※ ALC몰탈 1포대는 25kg이다.

3. 목재 구조체공사

가. 목구조의 구조요소

1) 토대: 기초 상단에 고정하는 수평 구조제로 토대 위에 바닥 장선을 앉힌다. 가압 방부 처리한 규격재를 사용한다.

2) 토대 고정 볼트: 기초에 토대를 고정하는 데 사용하는 L형 토대 고정 볼트. 주목적은 상향력과 횡방향 하중에 저항하기 위하여 사용한다.

3) 장선: 바닥, 천장, 지붕의 하중을 지지하는 일련의 수평 구조부재. 규격재나 공학 목재를 사용한다.

4) 끝막이 장선: 장선 끝면과 직각으로 고정하는 수평부재

5) 밑깔도리: 스터드 하단 끝면에 스터드와 직교방향으로 연결하는 수평 구조부재

6) 장선띠장: 장선의 강성을 높이기 위하여 장선 하단에 접합하는 수평 가새. 가는 부재를 사용한다.

7) 보: 바닥과 지붕의 장선을 지지하는 큰 치수의 구조부재.

8) 바닥덮개: 장선의 윗면에 수평으로 설치하는 목질판재(침엽수 합판, OSB).

9) 스터드(샛기둥): 외벽 또는 내벽 골조에 사용하는 수직부재

10) 위깔도리: 스터드의 상단 면에 스터드의 직교방향으로 설치하는 가로 부재로 윗막이 보

11) 장선가새: 바닥장선 사이에 설치하는 짧은 대각선 가새. 장선의 좌굴방지

12) 트러스: 지붕과 그 위에 작용하는 하중을 지지하는 경사구조로 절충식 지붕틀이라고 한다.

13) 서까래: 지붕과 외력 즉 적설하중 등을 지지하는 경사부재로 장선과 조합되어 일종의 트러스 역할을 하는 부재

나. 구조체 공사(경량목조주택)

구조체의 종류에 따라 목조주택, 철근 콘크리트조, 스틸하우징, ALC블럭조, 흙집 등으로 분류된다. 우리는 여기서 경량목조주택 일명 2*4주택에 관해 중점적으로 공부해 보기로 하겠다.

1) 일반사항

    가) 목조주택이라 함은 목재 제품으로 접합된 부위별 구조 요소가 여러 종류의 하중을 분산하며 지지하는 구조 방식이다.

    나) 목재 제품은 구조 요소의 골조를 구성하는 구조재 또는 공학목재를 골조에 접합하여 덮개를 이루는 침엽수 합판 또는 OSB 등의 목질판재로 구성된다.

    다) 모든 목재 제품은 구조용으로 인증된 것을 사용한다.

    라) 구조: 경골목구조. 외벽 2*6, 내벽 2*4 구조

    마) 시공법(Platform 구조)

    바) 벽체가 바닥구조 위에 시공되어 샛기둥의 연속성이 없는 구조

    - 이 바닥구조는 방화막으로서의 기능을 수행할 수 있다.

    - 벽체의 강성이 향상되는 장점을 가지고 있다.

    - 가장 일반적으로 널리 사용되고 있는 구조이다.

2) 공사 착수 전 준비사항

    가) 공사 착수 전 마감상태

    ① 골조공사에 들어가기 전 콘크리트의 양생이 충분히 이루어져야 한다.

    ② 같은 공정의 반복 작업은 가능한 같은 장소에서 같은 인부에 의하여 이루어져야 한다.

    ③ 가설물의 준비

    - 각재, 규격재 재단판

    - 합판 등의 재단 테이블소

3) 현장구비 조건

가) 골조용 자재는 부피가 크기 때문에 현장진입 및 현장통로가 완벽하게 구축되어져야 한다.

나) 골조용 자재를 현장 앞에 야적하기 위한 충분한 공간이 확보되어야 한다.

다) 합판 등의 자재를 절단 및 재단하기 위한 충분한 공간이 확보되어야 한다.

라) 골조공사는 전동용 톱, 전동 드릴 등을 이용하므로 현장 주변의 불필요한 것들을 제거하여야 한다.

마) Table Circular Saw(테이블형 둥근톱)을 이용할 경우 항상 모터와 톱니를 연결하는 체인 주변을 안전덮개로 덮어야 하며, 이 톱을 사용할 경우 몸에 달라붙는 작업복을 입고 작업하여야 한다.

바) Table Circular Saw(테이블형 둥근톱)은 상하좌우 2.5m 이상의 여유거리가 있어야 한다.

4) 골조공사 부위별 재료 사양

시공부위(명칭)	규격	수종	등급
Sill Plate	2*6, 2*4	SPF	방부목재
Plate	2*6, 2*4	SPF	No.2 & Btr
Stud	2*6, 2*4	SPF	No.2 & Btr
Header	2*8, 2*10	SPF	No.2 & Btr
Ceiling Joist	2*4, 2*6	SPF	No.2 & Btr
Floor Joist	2*10, 2*12	SPF	No.2 & Btr
Rafter	2*6, 2*8	SPF	No.2 & Btr
Wall Sheathing	OSB 7/16"	Poplar	Exposure 1
Floor Sheathing	OSB 3/4"	Poplar	Exposure 1
Roof Sheathing	OSB 7/16"	Poplar	Exposure 1

가) 규격재는 반드시 구조용 목재이어야 한다.

나) 함수율은 15% 이하여야 한다.

다) 구조용 목재나 구조용 판재는 모두 공식기관의 직인이 찍혀 있는 제품이어야 한다.

5) 시공

가) 토대(Sill Plate) 설치계획

① 시공 순서: 기초 위 먹매김 → Anchor Bolt 매립 → Sill Plate 설치 → 수평규준틀 설치 → 같은 수평라인이 되도록 대패가공 → 2*6(건조목) 결합(아래에서는 '방부 처리목'으로 되어 있다.)

② 기초 위 먹매김: 피타고라스의 정리를 이용한다(3×4×5).

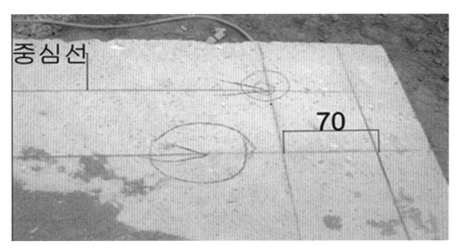

규준틀을 이용 기초바닥에 먹매김

- 기준선은 트랜시트 또는 레벨을 이용해서 바닥 점과 좌, 우 그리고 전면 수직라인을 한번에 정확히 잡는다.
- 콘크리트 면과 씰 실러(시멘트에서 올라오는 습기를 차단하는)와 방부목 토대(네모도)에 수평편차를 줄이기 위하여 콘크리트를 평평하게 갈아 낸다.

③ Anchor Bolt 매립: 지름 12㎜의 앙카 볼트를 180㎝ 이하의 간격으로 고정한다. 코너부와 개구부에서는 20㎝ 이내에 18㎝ 깊이로 고정한다.

④ 2*6(방부 처리목) 결합: Anchor Bolt 구멍을 뚫어 바닥판과 완전히 결합시킨다. 콘크리트 면에 직접 닿는 부분으로 반드시 방부목을 사용한다.

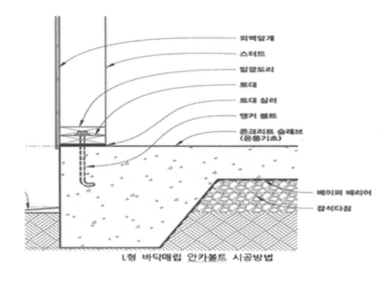

외벽덮개
스터드
밑깔도리
토대
토대 실러
앵커 볼트
콘크리트 슬래브
(온통기초)

베이퍼 배리어
잡석다짐

L형 바닥매립 안카볼트 시공방법

- 콘크리트 매립 앙카 볼트가 가장 좋으나 현장에 시공이 어렵다. 실제 현장에서는 토대 및

밑깔도리 설치 후 세트 앙카 볼트 시공이 보편적이다.

- 먹매김 최초 규준틀을 설치한 것이 이 시기까지 정확히 살아 있어야 한다.

- 규준틀을 재차 다시 설치 시 편차가 생기기 때문에 규준틀은 기초공사가 끝나고 구조체 공사 먹매김 시까지 유지되어야 한다.

- 최초 규준틀 설치 시 설치되어 있는 기준점(벤치마크)를 이용하여 건축물 바닥 높이를 확인하고 토대(네모도)를 깔 높이를 결정한다.

- 토대는 정확히 수평이 되도록 방부목으로 설치하고 그 위에 벽틀을 설치하게 된다.

- 이때 수평은 물호스(미스무리)나 레이저 레벨기를 사용하여 수평을 본다.

6) 토대 설치

가) 콘크리트 기초 위에 실러를 깔고 그 위에 방부목 토대를 외벽은 2*6, 내부 칸막이벽은 2*4로 설치한다.

나) 토대 위에 토대와 같은 규격의 밑깔도리를 구조목으로 설치한다.

7) 벽구조체 설치하기

가) 밑깔도리 위에 벽틀을 설치하고 좌굴방지를 위해 가새 및 버팀대를 설치한다.

나) 가새 벽틀에 45도로 덧대어 수평력을 보강하여 좌굴방지를 하는 부재

다) 버팀대 벽틀이 앞뒤로 넘어지는 것을 방지하기 위한 부재

8) 벽체(Wall) 설치

가) 샛기둥(Stud) 절단 - 깔도리(Plate) 절단 - 윗막이 보(Header) 절단 후 조립한다.

나) 스터드(샛기둥): 외벽 또는 내벽에 사용하는 일련의 수직구조 부재를 말한다.

- 조립 시 샛기둥(Stud) 간격은 400~600㎜ 간격으로 벽틀을 만든 다음 직각 잡기, 즉 가새를 설치 후 세우는 방법과 OSB를 부착 후 세우는 방법이 있다.

다) 위깔도리: 스터드(샛기둥) 상단 면에 부착하는 수평구조 부재. 일반적으로 위깔도리는 두 겹으로 설치하는데 한 겹은 눕혀서, 한 겹은 세워서 설치하며 눕혀서 설치하는 부재는 벽틀 제작 시에 접합하고 그 위에 세워서 설치하는 부재는 벽틀을 세우고 난 뒤 설치한다.

9) 벽체 세우기

시공 순서: 외부 큰 것 → 작은 것 → 내벽

가) 벽구조틀 제작

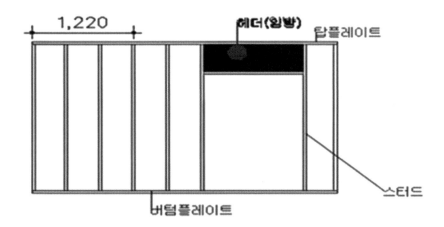

- 버텀플레이트, 탑플레이트 각재 2개를 동시에 놓고 스터드 간격 406㎜씩 나누기 한 다음 양쪽으로 갈라 놓고 스터드를 재단한 뒤 406㎜씩 마킹된 위치에 맞춘 다음 망치 또는 레일 건으로 못을 두 개씩 박는다.

- 벽틀 제작에서 스터드 간격은 각재의 중심과 중심간격이 406㎜가 되도록 한다. 합판이나 OSB규격이 1,220*2,440이므로 구조 보강재인 OSB 부착 시 OSB 연결 부분에 각재의 중심이 맞아야 다음 OSB를 연결할 수 있고 또한 단열재 인슐레이션 규격과도 맞아야 하기 때문이다.

나) 벽틀 설치

- 제작된 벽틀을 후면부터 설치하되 공사에 지장을 초래하지 않는 순서대로 설치한다.

- 벽틀이 넘어지거나 좌굴될 수 있어 반드시 가새와 버팀대로 보강하고 버팀플레이트, 밑깔
  도리, 토대를 힐티 드릴로 한번에 콘크리트까지 뚫어 셀안카볼트로 고정하는 방법이 가장
  쉽다.

- 문틀 상부는 처짐을 방지하기 위해 임방(헤더) 설치를 한다.

다) 헤더의 원리 및 제작 방법

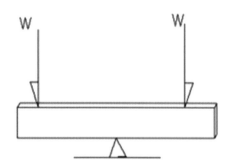

- 좌측 그림과 같이 합판을 길이 방향으로 재
단 후 좁게 켠 합판을 그림과 같이 세워서 양
단부에 하중을 가해도 중앙부는 절대로 휘어
지지 않는 원리를 적용하여 문틀 상부를 보강
한다.

- 문틀 상부 개구부에 스터드보다 작은 각재를 부착한 뒤 스터드벽체 두께와 같은 폭으로 양
  면 합판을 붙여 준다.

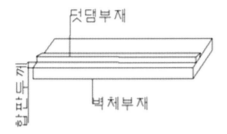

- 헤더 제작: 벽체부재에 덧댐목을 부착 후 양면으로 합판 부착하여 문틀상부를 보강한다.

- 벽틀 설치 후 벽틀 상단에 윗깔도리를 벽틀과 같은 부재로 설치한다.

※ 장선 및 서까래가 스터드 상부에 정확히 일치되어야 하나 창호 개구부 등으로 스터드와 장선 및 서까래가 일치되지 않으므로 탑플레이트 하나만으로 하중부담에 무리가 가므로 보강 차원에서 밑깔도리를 설치한다.

10) 장선(Joist) 설치계획(2층 바닥)

가) 시공 순서: 이중 깔도리와 옆막이 장선(Header Joist) 설치 → 장선 설치 → (판재 부착)

나) 장선: 바닥, 천장, 지붕의 하중을 지지하는 일련의 수평구조 부재로 규격재나 공학목재를 사용한다.

다) 보: 바닥과 지붕 장선을 지지하는 큰 치수의 수평구조 부재, 규격재를 조합한 조립부재나 공학목재를 사용한다.

라) 도면상의 특기가 없는 경우 장선의 방향은 지간거리가 작게 되는 방향으로 한다. 필요에 따라 결합철물을 사용할 수 있다.

마) 목구조 계산용 전자계산기나 지간거리표(미국임산물협회 권장기준)를 이용하여 간단하게 현장에서 확인 작업을 거친다.

바) 모든 격실, 즉 장선과 장선 사이는 블럭으로 막아야 한다. 블럭은 장선의 비틀림 및 좌굴 방지를 하며 격실과 소음과 화염막이 역할을 한다.

11) 장선 설치

가) 벽체틀을 설치 완료 후 장선을 설치한다.

나) 장선을 설치하므로 벽체 및 지붕이 가구식으로 보강되고 장선 위에 판재를 깔고 작업도

구를 올려 놓고 작업하므로 작업이 효율적이고 장선을 설치하지 않으면 작업발판용 비계를 설치하는 번거로움이 따른다.

다) 윗깔도리 바깥쪽으로 마구리장선을 설치하고 될 수 있으면 단면 방향으로 장선을 서까래 간격 즉, 부재의 중심 간격이 406㎜ 간격으로 설치한다.

- 장선의 길이가 긴 경우 2m 이내마다 목재의 변형을 방지하기 위해 장선부재와 같은 부재로 블로킹을 설치한다.
- 공사업자에 따라 장선걸이 등 연결철물을 사용하는 사람이 있는가 하면 연결철물을 사용하지 않고 못으로 바로 연결하는 경우가 더 많다.

※ 참고사항

목조주택에 사용되는 용어는 주로 영어를 사용하므로 잠깐 용어를 알아보기로 한다.

- 샛기둥(Stud) / 깔도리(Plate) / 윗막이 보(Header) / 서까래(래프터, rafter) / 마루대(Ridge Beam) / 대공(그랜디, grandee) / 마구리장선(월, Whorl)

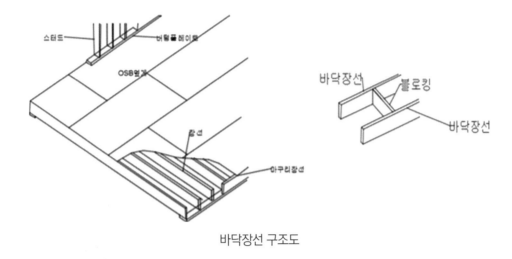

바닥장선 구조도

밑에서 쳐다본 2층 바닥 장선

- 바닥판 위에 먹매김 후 벽틀을 세워 1층과 동일한 방법으로 벽체시공하고 지붕을 덮으면 2
 층이 된다.

12) 구조부재 조립 시 주의사항

 가) 벽체 재료: 2*4 또는 2*6 구조목을 사용하며, 깔도리, 윗막이, 보, 샛기둥 등 모두 같은 재
  료를 사용한다.

나) 벽체의 높이: 도면상의 층고와 반자 높이를 감안하여 결정한다.

다) 조립(Nailling): 사용되는 못은 타정기를 이용할 경우는 90㎜ 아연도금 못을 사용하며, 망치를 이용할 경우 일명 꽈배기 못이라고도 하는 나선형 아연 못을 사용한다.

라) OSB 부착: 4*8*11t 또는 4*8*18t를 부착하며 30㎜ 이상의 피스나 나선형 못으로 부착한다.

마) 세우기: 토대와 정확히 일치되도록 세운다.

2층인 경우 바닥판 시공 후 1층과 같은 방법으로 시공

바) 벽틀을 세우고 난 뒤 가새 또는 버팀목으로 전도방지 시설을 하여야 한다. 간혹 이것을 소홀히 하여 안전사고가 발생하기도 한다.

※ 가새: 샛기둥과 샛기둥 또는 장선과 장선을 대각선으로 연결하여 좌굴을 방지하는 부재를 말한다.

사) 1층 벽틀을 다 세우고 난 뒤 가설비계 및 내부 말비계를 설치하는 등 고소 작업에 대한 안전시설을 해야 한다.

※ 높이 2m 이상 고소 작업 시 안전규칙

40㎝ 이상 안전 발판을 설치하고 발판과 발판 사이 틈새 간격은 3㎝ 이내로 하고 발판 바닥에서 100㎜ 이상 발끝막이판 높이 120㎝ 상부 난간대 및 중간 난간대를 설치하고 근로자가 안전하게 승강할 수 있는 사다리 또는 승강로를 설치해야 한다. 모든 근로자는 개인

보호구를 착용하고 특히 고소 작업자는 안전대를 착용하고 안전대 걸이시설 및 추락 방지 시설을 해야 한다.

※ 구조부재는 침엽수를 사용한다. 침엽수는 목질이 부드러워 건조수축에 대응할 수 있어 구조용으로 사용하고 활엽수는 목질이 단단하여 가구용이나 내장재로만 사용 가능하다.

다. 지붕공사

장선 설치 후 OSB 부착 전에 지붕공사를 완료하는 것은 공사 중 비가 오면 OSB가 수분을 흡수하여 공사 완료 후까지도 제대로 건조되지 않아 벽체에 곰팡이가 필 수 있기 때문이다.

1) 시공 순서: 대공 설치 → 마루대(Ridge Beam) 설치 → 서까래 설치 → 처마돌림 → 박공 (Facia Board) 설치 → 합판부착(OSB) → 후레싱, 물받이 설치 → 아스팔트 시트방수 → 슁글 마감

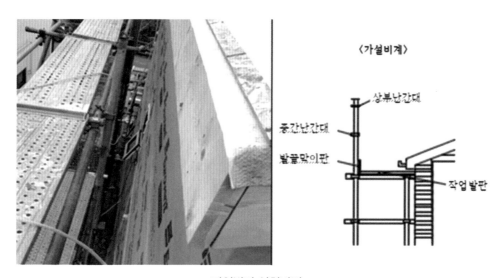

작업발판 설치방법

2) 서까래(Rafter) 설치계획

가) 박공벽 세우기: 미리 계획된 시공도에 따라 정확히 설치하여 시공한다. 박공벽을 설치할 때는 먼저 처마 마감이나 외벽 마감 등을 고려하여 설치하고 한번에 세운다. 특히 외장면의 방습지 등은 먼저 시공하는 것이 중요하다 할 수 있다.

나) 마루대: 마루대는 서까래 치수보다 한 치수 큰 것 또는 같은 것을 사용한다.

다) 서까래: 마루대에서 외벽 끝까지의 거리에 처마길이를 가산하여 절단한다. 도면상 특기가 없는 경우 지간거리를 계산하여 제재목 치수를 결정한다. 필요에 따라 결합철물을 사용할 수 있다.

라) 대공: 대공의 위치는 건축물의 길이방향 벽체상부 중심에 세우고 대공의 높이는 양쪽 처마끝단 수평 방향 넓이의 1/4로 한다.

- 지붕처마 넓이의 1/4, 즉 처마끝에서 처마끝까지 10m라면 대공의 높이는 2.5m로 한다. 이유는 우리나라 태양의 남중고도각이 서울에서 제주도까지 30~36°로 일사량을 가장 많이 받는 각도이다.

3) 자재관리

가) 골조용 자재: 규격재(건조목, 방부처리목), 판재(OSB), 기둥재, 결합철물 등

- 자재는 공사현장에 배치하여 시공자들이 바로바로 이용할 수 있도록 한다.

- 공사현장 내에서 각 세대까지 트럭의 진입이 불가능한 경우, 본 시공사의 소 운반계획에 의해서 임시고용 노무자를 배치하거나, 지게차 등을 이용한다.

- 자재를 현장에 쌓기 전에 받침목을 설치하여 바닥으로부터의 수분으로부터 보호하도록 한다.

- 자재는 비가 오지 않거나 낮에는 비막이 포장을 풀어서 대기에 노출시키고, 비가 오거나 밤이 되면 다시 덮어 두어 습기로부터 보호한다.

- 비가 온 다음날은 반드시 포장을 풀어서 지면으로부터 상승하는 수분으로부터 보호한다.

- 혹서기에 태양이 내리쬐는 시간에는 포장을 덮어 두어 급격한 건조로 인한 수축을 방지한다(차광막 설치).

- 기둥재 등 고가의 모양재는 특별히 창고에 보관하거나, 창고의 설치가 어려운 경우 따로 한곳에 모아 두어 집중적으로 관리한다.

4) 기타

가) UBC(Uniform Building Code): 미국의 건축 코드

- 본 목구조공사는 서구식 경량 목구조이므로 국내에서 전통적으로 시공해 오던 사찰과 같은 대구경의 목조공사와는 매우 다르다. 그리하여 국내에는 서구식 목구조에 대한 공인된 건축시방이 없으므로 외국의 것(UBC 등)을 이용한다.
- 미국에서는 100년이 넘도록 목구조에 관한 연구를 해 왔기 때문에 미국의 자료를 이용하는 것이 가장 바람직하다고 생각된다.

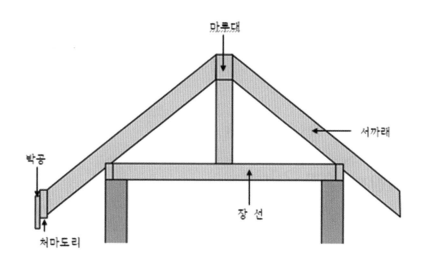

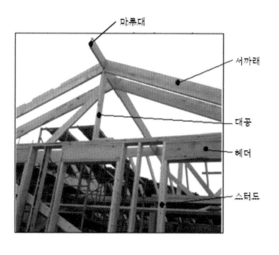

〈시공 순서〉
- 칸막이벽 및 양쪽측벽 중심에 수직으로 대공을 세운다.
- 대공 위에 마루대를 설계치수에 맞도록 설치한다.
- 서까래를 설치한다.
- 처마도리를 설치한 다음 박공을 설치한다.

〈제작된 서까래 모양〉

마구리 장선에 걸치는 부분을 턱을 만들어
못으로 부착한다.

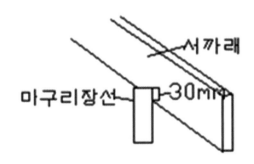

- 서까래 턱은 깊이 30㎜ 정도 깊이로 한다.
- 서까래 구조목은 2*6~2*8으로 하는 것이 일
반적이다.
- 처마도리는 서까래 치수와 같거나 한 치수
큰 것으로 한다.
- 박공은 1*8 또는 1*10으로 하고 또는 시멘
트 사이딩으로도 한다.

- 시멘트 사이딩으로 박공시공 중
- 시멘트 사이딩은 폭 210㎜, 길이 3,600㎜로
반영구적이다.
- 목재로 1*8 또는 1*10으로 시공 시 반드시
오일스텐 도장으로 방부처리가 필요하다.

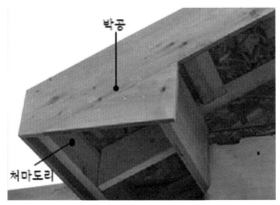

- 1*10 구조용 판재로 박공시공

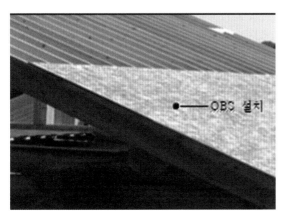

- OSB 설치 후 아스팔트 시트방수
- OSB 부착은 전동드릴을 사용하여 아연피스(나사못)으로 30㎝ 간격으로 박아 부착한다.
- 일부 공사 업자들이 작업속도를 빨리 하기 위해 타카로 박는 경우도 있다.

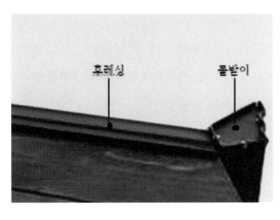

- OSB 부착 후 후레싱 및 물받이 작업
- 양쪽 측면은 후레싱을 나사못으로 고정하고 지붕 양쪽 경사면 끝단부는 시스템 물받이를 나사못으로 OSB 지붕 덮개에 고정한다.

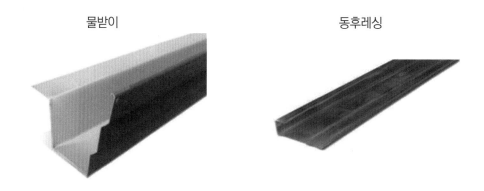

물받이　　　　　　　　　　　　　　동후레싱

5) 목조주택 지붕방수

목조주택 지붕에는 개량아스팔트 시트방수와 자착식 아스팔트 시트방수가 있는데 최근에는 자착식을 많이 사용하고 있는 추세다.

6) 개량아스팔트 시트방수

- 아스팔트 프라이머를 붓 또는 로울러로 OSB 표면에 고르게 바른다. 보통 1말 18L를 가지고 30㎡를 바를 수 있다.
- 프라이머 도포 후 2~3시간 경과 후 아스팔트시트지를 하단부에서부터 100㎜씩 겹쳐서 완전 접착시킨다.

7) 자착식 시트방수

자착식은 시트지를 OSB 표면에 100㎜씩 겹쳐서 깔면 된다. 지붕덮개 습기 침투 방지를 위해 지붕 양쪽측면 후레싱 부분은 아스팔트 프라이머칠을 하는 게 안전하다.

8) 방수지 1롤의 규격

두께는 1㎜, 1.5㎜, 3㎜이고 폭은 1m, 길이는 10m로 10㎡이나 실제 시공은 9㎡이다. 목조지붕에는 두께 3㎜로 사용하는 것이 원칙이다.

〈방수시트시공 완료 사진〉
시트방수 완료 후 아스팔트 슁글 시공하였
다.

9) 아스팔트 시트 방수

가) 방수용 재료

① 프라이머: 프라이머는 솔, 고무주걱 등으로 도포하는 데 지장이 없고, 8시간 이내에 건조
되는 품질의 것으로 한다.

② 개량 아스팔트 시트

③ 보강 깔기용 시트

④ 점착층 부착 시트: 뒷면에 점착층이 붙은 것으로 토치의 불꽃에 의하여 그 자체 및 단열재
가 손상을 받지 않는 것으로 한다.

⑤ 실링재: 실링재는 폴리머 개량 아스팔트로 한다. 정형 실링재와 부정형 실링재가 있다.

나) 관련 재료

아래의 관련 재료는 개량아스팔트 시트 제조업자 또는 책임 있는 공급업자가 지정한 것으로
한다.

① 아스팔트 슁글

- 슁글의 종류: 육각슁글, 사각슁글, 이중그림자슁글이 있다.

- 육각슁글, 사각슁글은 수명을 20년으로 본다.

- 이중그림자슁글은 수명을 40년으로 본다.

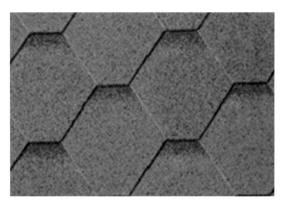

〈육각슁글〉

- 제품규격: 320㎜*1,000㎜

- 노출길이: 142㎜

- 낱장개수: 21장/Bd

- 시공면적: 3㎡/Bd

- 유리섬유 심재, 내구성, 내화성

〈사각슁글〉

- 제품규격: 335㎜*1,000㎜

- 노출길이: 145㎜

- 낱장개수: 1 Bundles=22장 / 1빠렛트=60박스

- 시공면적: 3.10㎡/Bundle

- 유리섬유 심재 UL Class A / KS F 4750-97

〈이중슁글〉

- 제품규격: 335㎜*1,000㎜

- 노출길이: 145㎜

- 낱장개수: 1 Bundles=16장

- 시공면적: 2.25㎡/Bundle

- 유리섬유 심재 UL Class A / KS F 4750-97

라. 외부 벽체공사

1) 박공벽 설치: 박공벽(gable wall)의 스터드 간격은 벽틀(wall)의 스터드 간격과 동일하게 하
고 양측벽 박공벽에 밴트를 설치하여 건축물 내외부의 통풍을 유지시킨다.

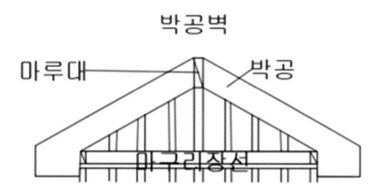

2) 지붕공사 완료 후 벽체 외부

- OSB를 부착한다.

- OSB 부착은 아연피스(나사못)으로 30㎝ 간격으로 박아 부착한다.

- 외부에 OSB 부착 후 밖에서 안쪽으로 못 박아서 단열재를 붙여서 흘러내리지 않게 한다.

OSB 부착상태

3) 방습지 시공

- 방습지 규격: 폭 1.5m, 길이 50m

- 길이방향, 즉 횡방향으로 겹쳐서 타카로 부착하고 이음부는 방습지 부착용 테이프로 접착시
  킨다.

- 방습지는 일반적으로 타이백을 많이 사용하나 최근에는 국산 및 수입산 종류가 다양하다.

- 방습지는 외부에서 발생한 습기를 차단하고 내부에서 발생하는 습기는 외부로 방출시키는 역할을 한다.

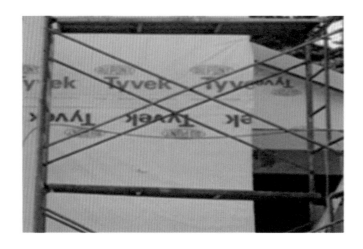

4) 창호공사

- 목조주택의 창호는 시스템 창호로 시공한다.

- 방습지 부착 후 건축 목공이 창호를 설치한다.

- 대부분 시스템 창호는 수입산이다.

- 시스템 창호는 창틀 측면에 날개가 붙어 있어 아연피스(나사못)으로 고정한다.

- 창호의 창틀 바깥쪽에 고정할 수 있는 날개가 있고 건물 외부 쪽으로 날개로부터 25㎜ 정도 돌출되어 있다. 사이딩 마감재를 시공 후에 몰딩 설치를 하면 그 두께가 맞아진다.

- 시스템 창호는 주문 제작이 되지 않으므로 건자재 업체에 미리 그 치수를 알아 보고 개구부를 만들어야 한다.

5) 창호일반사항

가) 창호의 종류

- 창틀의 재질: Vinyl

- 유리의 두께: 일반창(16㎜ Pair Glass, Grid 포함) / Patio Door(18㎜ Pair Galss, Grid 포함)

- 창틀의 성형: 날개 달린 형

- 창호시공법: 나중 끼워 넣기법(사이딩 붙이기 전 시공)

나) 공사착수 전 준비사항

① 현장구비조건

- 2층 이상의 창호시공 시 비계 및 발판이 준비되어야 한다.

- 창호는 충격에 약하므로 골조공사, 지붕공사 등과 병행하여 작업할 수 없다.

② 공사착수 전 마감상태

- 골조공사 시 창호공칭 크기에 정확히 맞도록 개구부가 준비되어야 한다(창호개구부의 크기는 창호 크기보다 10~15㎜ 정도 여유 공간 확보).

- 개구부 주위에 못 등이 튀어나오지 않아야 한다.

- 창호 주위의 방수처리가 되어야 한다.

다) 시공: 방바닥이 지면에서 높이가 1m 이상이면 창틀 하단부 높이는 1.2m로 한다(건축법).

- 창호를 치수에 맞는 개구부에 끼운다.

- 상, 하, 좌, 우의 띄우는 거리가 일정하도록 맞춘다.

- 창호날개에 못을 박는다(창호 윗면날개에는 못을 박지 않는다).

6) 외부 도어공사

가) 일반사항

① 문짝의 종류: 목재문 또는 철재문 종류에 따라 시공방법을 검토한다.

② 문틀의 종류: 미서기문틀, 미닫이문틀, 여닫이문틀 등 종류에 따른 시공방법 검토

③ 경첩: 강화경첩

나) 시공

① 골조 공사 시 문짝 크기에 상·하·좌·우 '1㎝'씩 넓게 개구부를 뚫어 놓는다.

② 문틀을 설치하고, 틈새를 코킹으로 메운다.

③ 힌지를 설치하고 문짝을 고정시킨다.

④ 문손잡이를 바닥에서 1,000㎜ 높이에 설치한다. 문틀 주위를 철저히 독일산 피셔폼 작업을 하여 기밀성을 유지시킨다.

다) 주의사항

① 공장 제작형 도어는 공장 제작기간이 있으므로 충분한 여유를 두고 발주를 하여야 한다.

② 도어는 자체가 최종 마감재이므로 충격에 주의하여야 한다.

7) 외부마감공사

외장재: Siding(Vinyl, Cement, Bevel, Log, 수직, 채널), 인조석, 벽돌, 대리석 등

가) 시공

- 외벽 주위를 점검한다.

- 시작점을 잡아 먹줄을 띄운다.

- 결합은 못, 스크류 등을 사용하고 못 길이는 50㎜로 한다.

- 못은 겹침 부분 안쪽으로 시공하여 못이 보이지 않도록 한다.

- 사이딩 간의 이음은 맞댄 이음으로 한다.

〈시멘트 사이딩 시공완료 부분 사진〉
시멘트 사이딩의 규격은 두께 7㎜, 폭 21㎜,
길이 3.6m로 30㎜씩 겹쳐 시공한다.

처마반자 원목 루바 시공 및 방부목 사이딩
마감

8) 처마반자(로기덴죠)

사이딩 마감 후 처마 부분 천장시공한다.

가) 시공 순서

- 벽체 외부에 처마도리와 수평되게 먹매김 후 먹선 위쪽으로 30*30 일반 각재를 길이 방향으로 부착한다.

- 처마도리 각재와 기 부착한 30*30 각재 하단에 루바 또는 소핏밴트로 부착하여 처마반자 시공

- 반자 밑에 몰딩시공을 하면 완료된다.

나) 건축법상 처마는 건축물 중심선에서 처마길이가 1m 이내는 건축면적에 산입되지 않으나 건축재료의 소모율을 최소화하기 위해 공사 업자들은 처마 길이를 600㎜ 이내로 한다.

※ 루바 종류는 대개 120*2,400 또는 120*3,600이다.

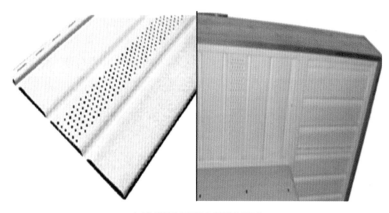

소핏 밴트 규격 305*3,850

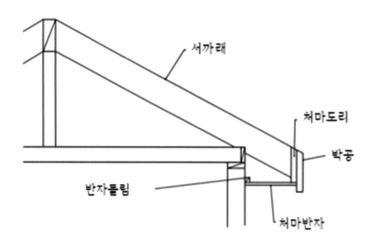

9) 바닥공사

방바닥 시공부터 먼저 한다. 방바닥을 나중에 하면 습식공사로 OSB 및 내장재에 물이 흡수되면 쉽게 건조되지 않고 나중에 습기로 인하여 곰팡이 등 하자의 원인이 된다.

가) 방바닥 시공

- 온수파이프의 난방열이 콘크리트 바닥으로 흡수되는 것을 방지하기 위해 스티로폼, 질석 단열재, 기포콘크리트 중에 한 가지를 50㎜ 이상 바닥에 깐다.
- 그 위에 온수파이프를 고정하기 위해 와이어메쉬를 깐다. 와이어메쉬는 사급자재는 8# 철선에 200*200 간격이고 1장은 1,800*1,800이다. 관급용 와이어메쉬는 6# 철선에 150*150 간격이고 1장은 1,200*1,400이다.
- 온수 온돌 파이프를 철선으로 와이어메쉬에 고정시키고 그 위에 차광막을 덮고 난 뒤 방통(고름)몰탈을 타설한다.

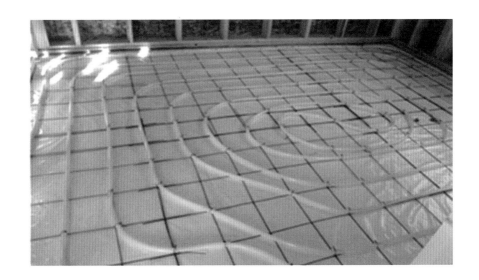

- 차광막은 우리네 조상들이 황토 미장을 할 때 균열방지를 위하여 짚을 썰어 넣었던 것과 같은 역할을 하며 방바닥의 균열방지를 한다. 이때 몰탈의 두께는 온수온돌 파이프 상단에서 24㎜ 이상의 두께가 되어야 한다.
- 벽체 내부 인테리어 공사는 방바닥 시공 완료 후 해야 습식공사 중 각종 오염으로부터 방지된다.

나) 방통시공

- 방통 시멘트몰탈의 두께는 온수파이프 상단으로부터 24㎜로 한다.

방통 시공 완료

10) 단열공사

　가) 일반사항

- 단열재: Fibre Glass R-Value

- R-Value: R-11, R-19, R-30

나) 공사착수 전 준비사항

① 착수 전 마감상태

- 설비배관 작업이 완료되어야 한다.

- 전기배선 작업이 완료되어야 한다.

② 가설준비물: 내부 강관틀비계, 지게사다리

③ 현장구비조건

- 작업 중 섬유가 분산될 수 있으므로, 작업자 이외는 출입을 금지하여야 한다.

- 작업자는 항상 마스크 및 보호안경을 착용하여야 한다.

다) 재료사양

① R-Value에 따른 치수

R-Value	Thickness	Width	Length	사용처
R-11	$3\frac{1}{2}$"	15"	93"	내벽
R-19	$5\frac{1}{4}$"	15"	93"	외벽
R-30	10"	24"	48"	천장 및 바닥

② 승인: 다음 승인기관 및 표준에 합격된 제품이어야 한다.

- ASTM C 665

- California Quality Standards, Registry numb CA-T024(PA)

- Tested for use under NYS UFPBC Article 15

- ASTM E 136 for nincombustibility(unfaced only)

- ASTM E 84 Fire Hazard Classification(FHC) Flame, Spread 25/Smoke Developed 50(unfaced only)

- NY City MEA 18-80-M(unfaced only)

- Model Building Codes: ICBO, BOCA, SBCCI

라) 시공

① Kraft-Faced

- 한쪽 종이날개를 샛기둥 또는 장선, 서까래의 측면 안쪽에 꺾쇠로 박고 반대쪽으로 당겨서 반대쪽 종이날개를 샛기둥의 측면에 고정시킨다(햄머 스테플 이용).

- 단열재와 그 위에 설치될 벽덮개 사이에 3/4"(19㎜)의 공간이 남도록 하여야 한다.

- 단열재의 종이날개는 10"~20"(25~50㎝)간격으로 꺾쇠를 박아서 고정시킨다.

- 단열재는 야무지게 채우는 것이 관건이며, 요사이 단열재는 전부 비닐이 밀봉되어서 나온다.

② Un-Faced

- 단열재를 샛기둥 또는 장선, 서까래 사이에 끼워 마찰력으로 고정시킨다.

- 단열재와 그 위에 설치될 벽덮개 사이에 3/4"(19㎜)의 공간이 남도록 하여야 한다.

※ 차후에 단열재가 흘러 내릴 것을 대비해 외벽 OSB부착시 64타카로 OSB 바깥쪽에서 안쪽으로 타카못을 군데군데 박아 두었다가 인슐레이션 단열재를 타카핀에 꽂혀 있게 하기도 한다.

※ 단열재 시공 후 전기설비 배관 및 급수설비 완료 후 내부 OSB를 부착한다. 이때는 타카로 부착한다.

11) 내부 목공사

단열재 시공 후 전기설비, 위생설비 완료 후 OSB 부착 후 석고보드 및 원목내장공사 화장실 공사를 완료하고 도장 및 도배장판 마감공사를 한다.

가) 천장 단열공사

천장 단열공사는 천장 내부에 시공하는 시공법과 지붕에 시공하는 두 가지 방법이 있다.

① 천장 내부에 단열재 시공

② 지붕에 단열재 시공

- 지붕에 시공법은 OSB 위에 아래 그림처럼 2*3 각재를 서까래 넓이로 덧대고 그 사이에 단열재를 넣고 위에 OSB 부착 후 마감한다.

③ 내벽 OSB 부착

- 단열재 시공 후 내벽 OSB를 부착한다. OSB는 구조체를 보강하는 것으로 반드시 부착해야
하나 일부 업자들 중에는 OSB를 부착하지 않고 석고보드나 루바시공 마감을 하는 것은 잘
못된 방식이다.

내부 OSB 부착 완료 사진

④ 반자틀시공

- 내부 벽면 OSB 부착 후 석고보드 및 원목 등 마감재 시공 완료 후 천장 반자틀 시공한다.

내부 반자틀 완료 사진

⑤ 마감

- 석고보드 시공 후 도배 및 도장 마감 또는 원목루바로 마감한다.

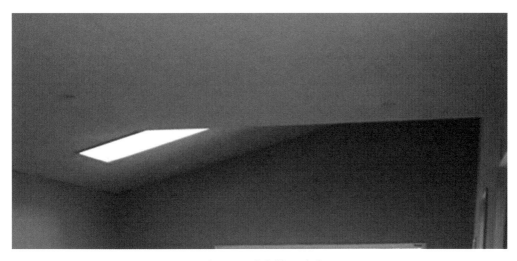

석고보드 마감 완료 사진

원목 루바 마감 완료 사진

12) 목구조 적산

목재구조는 표준품셈이 있으나 적용이 어렵고 재료의 상세파악을 하기 위해서는 시공상세도를 그려서 상세도면을 보고 숫자파악이 가장 정확하나 일반적으로 공사업자들이 견적서 작성 시 재료파악하는 방법을 기술하고자 한다.

가) 재료표

재료의 할증은 10~15%로 한다.

① 그림과 같이 벽틀(WALL) 상세도를 그린 다음 1m*1m 범위를 설정하여 1㎡ 내 각재를 파악해 보면 다음과 같다.

② 외벽 2*6 각재 1㎡=4m

③ 내벽 2*4 각재 1㎡=4m

④ 서까래 설계치수 각재 1㎡=4m

⑤ 데크마루 방부목 2*6 각재 1㎡=4m

⑥ OSB 및 합판 벽면적/2.8×할증률=OSB 및 합판매수

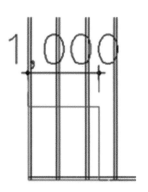

제4장 **마감공사**

1. 건식벽(경량칸막이) 공사

가. 적용 범위

1) 경량 철골과 집섬보드(GYPSUM BOARD)의 방화성 및 차음성을 이용한 경량의 내화 단열벽으로 비내력벽에 적용한다.

2) 건축물 내부의 비내력벽(내화벽, 일반벽)을 설치함에 있어서 건식재료(석고 보드, 스틸 런너&수평 구조물, 수직 구조물)를 사용하여 설치하며, 미장 및 도장공사를 대신할 수 있는 공사에 대하여 적용한다.

나. 재료

1) 심재

뼈대를 이루는 경량철골로써 런너와 스터드로 구분한다.

가) 런너

① 스틸 런너

용융강판을 소재로 하여 제작되며, 천장과 바닥면에 설치되어 스크류스터드를 지지하는 역할을 한다.

② 스틸 런너의 규격

■ J-런너

CH, E, I-스터드 등을 설치 시 일련의 특수형태의 스터드류를 수직설치를 위한 런너로서 천장과 바닥에 부착된다.

나) 스터드

현대 건축물의 조립화, 경량화 추세와 더불어 단열, 차음 효과가 탁월한 집섬보드(석고보드)와 결합하여 건식벽체를 형성한다.

① 스크류 스터드

냉연용융 강판을 소재로 하여 제작되며 스틸 런너, 석고보드와 더불어 건물내벽 칸막이, 천장, 내화피복기둥 및 보 등에 비내력 건식벽을 형성하는 필수재료이다.

② 스크류 스터드의 규격

■ I-스터드

- 내화와 내압이 요구되는 엘리베이터 샤프 등의 비내력 건식벽을 감싸기 위해 사용한다.

- 스터드의 배열 간격은 300㎜, 450㎜로 한다.

■ CH-스터드

수직하중에 잘 견딜 수 있도록 고안된 비내력벽 강제 받침재로서, 탁월한 내화 및 차음효과를 요청하는 계단실, 엘리베이터실, 대형통풍구, 닥트시설, 고층건물의 수직샤프트 등을 효과적으로 감싸기 위해 사용된다.

■ E-스터드

주로 외벽과의 접합부위나 CH-스터드의 마무리 스터드로서 혹은 칸막이의 2중 스터드로 사용된다.

다. 표면 마감재(GYPSUM BOARD)

표면 마감재료는 1급 불연 단열 내장재인 석고보드로서 아래의 규격을 가진 제품이어야 한다.

1) 표준규격

일반적으로 석고보드는 9.5㎜ 두께의 일반석고보드를 사용하나 물 사용 공간의 표면재료는 1급 불연, 단열 및 흡음성이 좋은 두께 12.5㎜ 두께의 방수석고보드 제품이어야 한다.

2) 표면재의 종류 및 품질

가) 재료의 사양

① 방화석고보드

물성(KS F 3504, JIS A 6901)

- 석고보드 두께: 12.5㎜

- 길이방향 굽힘 하중: 500 N(Kgf) 이상

- 나비방향 굽힘 하중: 180 N(Kgf) 이상

- 나연성: 난연 1급

- 함수율: 3% 이하

- 무게: 7.5~11.3kg/㎡

- 규격: 900*1,800, 900*2,400, 1200*2,400

- 표면색상: 황색, 적색

② 방수석고보드

물성(KS F 3504, JIS A 6901)

- 석고보드 두께: 9㎜, 12.5㎜

- 건조 시 굽힘 하중: 500 N(Kgf) 이상

- 습윤 시 굽힘 하중: 300 N(Kgf) 이상

- 난연성: 난연2급

- 함수율: 함수율 3% 이하

- 무게: 7.5~11.3kg

- 흡수 시 내박리성: 석고와 원지가 박리되지 않을 것

- 전흡수율: 10% 이하

- 표면흡수량: 2g 이하

- 규격: 1,200*2,400, 900*2,400, 900*1,800

- 표면색상: 하늘색

3) 석고보드의 현장 보관

- 석고보드의 보관은 건조한 곳이 좋으며 습기가 많은 지하실이나 눈, 비가 직접 닿는 곳은 피
  한다.

- 땅에 직접 놓을 때는 각목을 3~4개 놓고 그 위에 적재하는 것이 좋다.

라. 긴결철물

1) 스틸 런너의 긴결재

　　가) 콘크리트 바탕: DIA 5/32"(4㎜), 길이 1 1/4(32㎜)의 긴결재 또는 동등 이상 제품을 사용
　　　　한다.

　　나) 철제 바탕: DIA 5/32"(4㎜), 길이 1/2"(13㎜)의 긴결재 또는 동등 이상 제품을 사용한다.

　　다) 긴결재의 일면전단 강도는 43kg, 지압강도는 91kg 이상이어야 한다.

2) 스틸 스터드의 긴결재

- 3/8"(10㎜) 납작 머리 나사(PAN HADE SCREW)를 사용한다.

3) 석고 보드의 긴결재

　　가) 한 겹 붙일 때: 아연도금된 메틸 가공품 7/8"(22㎜) 나팔 형태의 나사(BUGLE HEAD
　　　　TYPE SCREW)를 사용한다.

　　나) 두 겹 붙일 때: 아연도금된 메틸 가공품 1 1/4"(32㎜) 나팔 형태의 나사(BUGLE HEAD
　　　　TYPE SCREW)를 사용한다.

　　다) 세 겹 붙일 때: 아연도금된 메틸 가공품 2 1/4"(57㎜) 나팔 형태의 나사(BUGLE HEAD
　　　　TYPE SCREW)를 사용한다.

마. 기타 부속 재료

1) 단열처리재

　가) 유리면 보온재

KS L 9102의 보온판 2호 24K에 적합한 제품을 사용하되, 재질 및 성능은 아래의 기준 이상으
로서 시공 중이나 시공 후에도 수축변형이 없고 자립할 수 있는 것이어야 한다.

2) 코킹 및 백-업재

　가) 코킹재

① 품질: KS F 4910(건축용 실링재)의 3항 "품질" 기준 이상의 제품으로 한다.

② 견본 제출 후 감독원의 승인에 준한다.

　나) 백-업재

단열 효과가 좋은 발포 폴리에칠렌계의 발포재를 사용한다.

　다) 부구성재료(코너비드, 금속 몰딩류)

아연도 강판(KS D 3506)을 소재로 하여 가공 제작한 제품이어야 하며, 규격은 공작도(현측
도)에 따른다.

바. 시공

1) 석고보드를 사용하며, K.S규정에 맞도록 하되 제조회사명, 품목, 형태, 등급이 동일해야 하며, 특기가 없는 한 석고보드의 붙임은 천장은 900*1,800*9.5㎜ 2겹, 벽은 900*2,400*12.5㎜ 2겹 붙임을 원칙으로 한다.

2) 운반 도중 재료의 손상 및 파괴를 막고, 저장은 건조하고 환기가 잘 되는 곳에 해야 한다.

3) 런너 및 스터드는 아연도금 철판을 사용하되, 철판의 두께는 0.8㎜ 이상이어야 하며, 사전에 견본품 승인을 받아야 한다.

4) 석고보드 설치 시 허용 오차는 다음과 같다.

- 수평·수직: 2.5m까지·2.5㎜ 이내

- 수평·수직: 1.5m까지·1.5㎜ 이내

- 조인트 시: 1.5m 이내 면은 평평하게 유지하여야 한다.

5) 환기를 위하여 임시 환기구(TEMPORARY FAN)을 설치하여야 하며, 13~20℃에서 시공되어야 한다.

6) 브라켓용 매입 찬넬을 도면 작성하여 감독원의 승인을 받아야 한다

※ 경우에 따라서 1겹의 석고보드로 시공하기도 하나 도장(칠) 마감인 경우는 두겹시공으로 해야 석고보드 연결부분의 균열을 방지할 수 있다.

사. 시공순서

1) 순수공사

　　가) 벽체 설치를 위한 먹매김

　　나) 석고보드 부착을 위한 런너, 스터드 설치

　　다) 매거진드릴로 석고보드 부착

　　라) 단열재의 설치

　　마) 마감 패널을 부착하기 위한 각종 구조재의 보강작업

2) 부속공사

　가) 전기설비 및 각종 기구 부착을 위한 보강 및 타공 작업

　나) 각종 창호 및 매입장의 설치

　다) 화장실과 욕실 내의 정착물 설치

3) 시공방법

　가) 벽 위치 설정

　설치할 벽의 위치를 결정하고 레이저 레벨기를 이용해 천장과 바닥에 벽의 중심선을 긋는다. 이때 벽이 수직이 되도록 주의하여야 한다.

　나) 런너의 설치(바닥&천장)

　① 벽의 먹선을 따라 천장과 바닥에 런너를 설치한다.

　② 이때 면에는 힐티-넷(HILT NAT)로 고정하며 간격은 스터드의 설치에 따라 900㎜ 이하로 한다.

　※ 작업원의 왕래가 많은 곳이나 기계를 반입하는 곳은 찌그러질 우려가 있으니 보양하여야 한다.

다) 메탈 스터드의 설치

① 메탈 스터드는 런너의 규격에 맞는 제품을 사용하여야 하며 길이는 실제보다 5㎜ 정도 작
게 절단하여 세운다. 특히 바람이나 인위적인 힘에 의하여 쓰러질 우려가 있으므로 납작
머리 나사못으로 고정한다. 그러나 완충부 시공일 경우는 고정하지 않는다.

② 스터드의 간격은 300㎜를 표준으로 하며 CH-스터드가 사용되는 강당벽 또한 300㎜로 하
되, 석고보드의 규격이 상이할 경우에는 그에 준하여 보강 시공해야 한다.

③ 메탈 스터드의 날개 방향은 동일한 방향으로 하여야 한다.

④ 벽을 통한 물의 침투 또는 결로의 위험이 있는 부위(화장실과 일반실, AHU실과 일반실)
는 방수턱을 설치한 후 시공하여야 한다.

⑤ 필요한 경우 메탈 스터드 끝에서 25㎜ 이내에 납작 머리 나사못으로 고정한다.

⑥ 높이 4m가 넘는 부분으로서 65형 메탈 스터드를 시공할 경우, 스틸 파이프(50*30*2.3T)
를 1,800㎜ 간격으로 보강하여야 한다.

라) 석고보드의 부착

① 바탕보드 붙이기

3.5*23㎜ 나사못으로 보드를 스터드에 수평으로 부착한다. 이때 보드의 이음새는 STUD 테
두리의 중심에 오도록 하고 반대 벽면의 이음새와 엇갈리게 부착한다. 나사못의 간격은 300
㎜로 하고 스터드의 버팀대에 정확하게 밀어 넣는다.

② 치장 보드 붙이기

보드를 높이에 맞추어 칼로서 정확하게 절단한 후 스터드에 수직이 되게 붙인다. 나사못은
3.5*32㎜를 사용하며 간격은 225㎜ 이하로 한다.

③ 이때 못 머리는 보드의 표면보다 약간 들어가게 시공하는 것이 중요하다.

석고보드의 부착 전에는 보드의 두께, 폭, 길이 등을 확인하여야 하며, 먼저 시공되어야 하는
설비전기작업이 완료되어야 하며, 시공이 되지 않았을 경우 석고보드 부착작업을 중지하고
감독원에게 통보하여야 한다.

④ 석고보드는 횡방향 또는 종방향으로 시공이 가능하며, 상황 및 여건에 따라 적당한 방법

을 택하여야 한다. 다만, 내화구조인 경우는 종방향으로만 시공하여야 한다.

⑤ 석고보드의 부착 시 주의사항

- 치수에 맞게 보드를 재단하여야 한다.

- 모든 이음에 너무 밀착되지 않도록 약간의 간격을 두고 고정하며, 보드에 무리한 힘을 가하지 않는다.

- 같은 겹에서 시공방향이(길이, 폭)은 일정해야 한다.

- 템퍼 보드 옆에 재단면을 붙여 시공되지 않도록 해야 한다.

- 원칙적으로 보드 가장자리에 스터드가 고정되어야 한다.

- 보드 가장자리에 금속 몰딩류를 설치할 경우에는 보드 시공 전에 설치 여부를 결정하여야 한다.

- 보드를 절단하여 시공할 경우는 절단면을 깨끗이 손질한 후 시공해야 한다.

마) 부속재의 시공

① 코너 부분 처리(코너비드)

- 코너 부분은 석고 템버보드로 시공하고 죠인트 혼합재(COMPOUND)로 하도록 한다. 그 외에 코너비드를 부착하고 다시 혼합재(COMPOUND)로 코너비드를 덮어 나간다. 마지막 상도는 보드면과 같이 평활하게 시공하되 수직이 되게 주의하여야 한다. 이때 1단계 경화 소용시간인 3시간 이내에는 어떤 충격이나 힘을 가하여서는 안 된다.

② 금속 몰딩의 시공

- 창문틀, 문설주 등에 시공되는 보드의 마감 및 가장자리를 보호하고 천장 및 벽체와 접하는 부분에 설치하여 실런트 처리를 쉽게 하여야 한다. 따라서 측면과 10㎜ 정도 이격시킬 수 있도록 하고 보드의 가장자리에 몰딩을 끼우고 길이 25㎜의 나사못을 이용하여 250㎜ 간격으로 고정시킨 후 죠인트 혼합재로 마감한다.

③ 실런트 작업(CAULKING)

실의 방음, 방습의 목적으로 사용되며, 벽체와 콘크리트면과 접착 부분은 10*10㎜ 정도의 실런트를 반드시 시공하여야 한다. 시공 시기는 2겹 시공은 1겹 시공 후, 1겹 시공은 런너 시공 후 시공해야 하며, 경화가 끝난 후 나머지 1겹을 시공하여야 한다.

④ 일매 이음 처리 공법(죠인트 테이프&혼합재)

- 보드의 이음과 내부 모서리 및 각진 곳의 이음은 테이프 위에 얇은 코팅을 한 테이프로써 보강한다. 중심 죠인트를 제외하고 보드 사이의 공간이 0.5㎜ 이상인 경우 죠인트 혼합재(COMPOUND)로 간격을 채우고 마른 후에 죠인트 테이프를 사용하여야 한다.

- 죠인트와 몰딩에는 3회에 걸칠하고, 못 머리에는 2회에 걸칠을 한다.

- 매 회에 걸칠은 선행 걸칠에 100㎜ 이상 겹쳐져야 한다.

- 죠인트 혼합재(COMPOUND)의 폭은 템버 보드에서는 300㎜ 이상, 일반 보드에서는 450㎜ 이상이어야 한다.

- 적어도 24시간 이후에 재코팅을 하며, 매 코팅 시마다 표면처리한 후 횡코팅한다.

아. 적산

1) 천장재료 1㎡ 기준

구분	재료	규격	단위	수량	설치 기준
천장재료	인서트	Φ9mm	EA	1.362	벽에서 200㎜ 떨어져 1,000㎜ 간격
	달대볼트	9*1,000mm	EA	1.362	벽에서 200㎜ 떨어져 1,000㎜ 간격
	케링찬넬		m	1.222	벽에서 200㎜ 떨어져 1,000㎜ 간격
	마이너채널		m	0.525	벽에서 500㎜ 떨어져서 2,500㎜ 간격
	행거 및 핀		조	1.362	벽에서 200㎜ 떨어져 1,000㎜ 간격
	채널클립 케링조인트		조	0.584 0.195	케링과 마이너채널 고정 케링 4m마다 이음

2) 기본형재료 1㎡ 기준

구분	재료	규격	단위	수량	설치 기준
M-BAR 천장	M-BAR	더블 및 싱글	M	3.675	BAR 300㎜ 간격
	BAR 클립		EA	4.084	케링채널과 M바 고정
	BAR 조인트		EA	0.584	M바 4m마다 이음
	피스	기타부속재	EA	42.33	천정판 고정용
H-BAR 천장	H-BAR 천정	H-BAR	M	3.675	BAR 300㎜ 간격
	와이어클립		EA	4.084	케링과 H바 고정
	스프라이사		EA	0.584	4m마다 H바 이음
	스프라인		EA	6.111	천정판 사이 삽입 고정
	월스프링		EA	2.445	벽부 천정판 고정용
T-BAR 천장	T-BAR	메인 및 크로스	M	3.36	바 간격 600㎜
	BAR 클립		EA	2.04	케링과 T바 고정
	연결철물		EA	5.86	T-바(BAR)와 텍스 고정
	홀드다운		EA	5.86	메인 T-BAR와 고정
	클립		EA	5.86	T-BAR 고정
칸막이벽	스터드		M	3.3	칸막이 벽 샛기둥
	런너		M	1.3	벽체 하부 및 상부
	피스류		EA	30	벽 보드 고정

※ 경량금속 자재는 KS 규격품 이외의 B품 자재가 많으므로 주의해야 한다.

2. 목공 인테리어

가. 일반 사항

이 시방서 명시 사항 이외의 기타 사항은 건설부 제정 건축 표준시방서에 준한다.

1) 적용 범위

가) 건축물 내부 전반의 목공사는 아래 항을 적용한다.

나) 모든 시공도면은 각 항목의 설치나 사용 전에 제출하여 승인을 받았는가 검사한다.

다) 모든 작업이 승인된 시공도면에 따라 수행되는지 점검한다.

라) 검사처로부터 받은 모든 승인된 견본을 사용 장소 및 형태에 따라 꼬리표를 부착하고 현장 사무실에 비치한다.

마) 현장에 반입된 자재들이 승인된 견본과 동일한 것인지 확인한다.

2) 재종 및 재질

가) 수급자는 증기 건조목을 사용하여야 하며 전물량에 대해 증기 건조목 여부를 확인할 수 있는 증명을 감독원에게 제시한다.

나) 목재의 결 또는 가공하는 치수에 따라 감독원의 승인을 득한 경우에는 대패질 이외의 마무리를 할 수 있다.

나. 목재

1) 규정된 용도에 따라 종류와 등급을 검사한다.

2) 등급기준에 따라 결함사항을 검사한다.

3) 시방서에 따라 목재의 허용 함수비를 점검한다.

4) 목재는 배수가 양호한 장소에 지면에서 격리시켜 보관하며, 함수비의 증가를 막기 위해 덮개를 씌워야 하며, 비틀림을 방지하기 위해 겹쳐 쌓아야 한다.

5) 미장 모르터가 건조되고, 창과 문 또는 바람막이가 설치되기 전에 목재를 건물 내부로 들여와서는 안 되며, 추운 계절에는 영구적이거나 임시적인 난방 설비가 준비되어야 한다.

6) 공기 중의 오염 또는 손상의 우려가 있는 재료 및 기성 부분은 토분 먹임, 종이 붙임, 널대기, 기타 적당한 방법으로 보양한다. 가공재는 습기, 직사 일광을 받지 않도록 하고 건조상태로 유지한다.

7) 목재는 가공 또는 설치 후 비에 맞지 않게 하고 필요 시 감독원이 지시하는 것은 직사광선을

받지 않게 한다.

8) 대패질의 정도

　가) 치장면은 특기시방에 정한 바가 없을 때는 모두 대패질로 마무리한다.

　나) 대패질의 마무리 정도는 상·중·하의 3종으로 하며 특기시방에 정한 바가 없을 때에는 중을 표준으로 한다.

다. 합판

1) 합판은 라왕 합판으로 KS F 3101 규정에 합격한 것으로 다음 기준에 의한다.

　가) 습기에 노출되는 합판은 2종 합판(준내수합판) 1급으로 한다.

　나) 기타 실내에 사용하는 합판은 3종 합판(비내수합판) 1급으로 한다.

　다) 형상 및 치수는 도면에 의한다.

2) 합판 붙임

　가) 벽, 천장 붙임은 나비로 나누어 갖추고 걸레받이 올림 기타와의 접합은 틈서리 턱솔이 없도록 한다.

　나) 붙임 처리는 목재 바탕 면에 접착제를 사용하며 부착한다.

　다) 종이, 천류의 붙임 바탕이 되는 합판의 못박기 경우에는 녹막이 처리한 못을 사용한다.

　라) 판 나누기는 도면에 의거 나누기를 하여 나간다.

3) 합판 및 MDF규격

　① 3*6합판

　910㎜*1,820㎜*5㎜, 7.5㎜, 8.5㎜, 12㎜, 15㎜

　② 4*8합판

　1,220㎜*2,440㎜*3㎜, 4.5㎜, 7.5㎜, 8.5㎜, 12㎜, 15㎜, 18㎜ 등

4) 합판 사용 불가품

① 외부 충격에 의해 상처 입은 것

② 일부라도 부식 또는 오염된 합판

③ 좀먹었거나 옹이 박힌 합판

④ 찢어지거나 파손된 합판

⑤ 중간 부분을 이은 합판

⑥ KS규격품이 아닌 합판

⑦ 기타 감독원이 불합격 판정으로 교체를 요구하는 합판

라. M.D.F(MEDIUM DENSITY FIBERBOARD)

1) 목재 조각을 고온, 고압하에 특수 접착제와 함께 열압 성형한 섬유판(FIBER BOARD)로서 그 비중이 0.4~0.8의 것을 말한다.

2) 규격(4*8 MDF)

1,220*2,440*3㎜, 6㎜, 9㎜, 15㎜, 18㎜, 25㎜ 등

마. 견본품 및 마감치수

1) 목재 및 마감재는 감독원에게 견본품을 제출하여 재질 및 형상, 색상, 무늬 등에 관하여 승인을 득하며 이는 본 공사의 표본이 된다.

2) 마감 치수는 치장재의 목재 단면 표시 치수를 마감치수로 하며 구조재는 다듬어 놓은 치수로 한다.

바. 재료의 보관 및 보양

1) 보관

가) 구조재 및 수장재는 완전 건조재이므로 비로 손상되지 않게 직접 지면 또는 습기 찬 물체에 접하지 않게 하여야 한다.

나) 목재의 저장은 오염, 손상, 변색, 썩음, 습기 등을 방지할 수 있도록 적재해야 하며 건조

가 잘 되게 보관한다.

다) 목재는 바닥에서 20㎝ 이상 띄워서 보관하고 목재와 목재 사이를 간격재를 끼워서 통풍이 잘 되게 하여야 한다.

2) 보양

가) 가공재는 습기 일광을 받지 않도록 항시 건조 상태를 유지한다.

나) 공사 도중 오염, 손상의 우려가 있는 재료 및 시공부분은 종이붙임, 널대기 등 감독원이 지시하는 방법으로 보양한다.

3) 작업 조건

가) 공사용 장비 및 공, 도구는 하도급자가 부담하며, 이를 관리하여야 하고 이에 따른 안전 장치는 감독원, 또는 안전 및 방화관리 감독원의 지시에 따른다.

나) 항상 화재 방지에 대한 모든 필요한 조치를 취하여야 한다.

다) 위험한 작업이 많으므로 충분한 안전 시설을 설치하고 모든 작업자 안전 도구를 필히 사용하여야 한다.

라) 어떠한 경우든 작업여건이 적합치 않을 경우 감독원이 만족하도록 조치를 취하지 않는 상태의 공사진행은 인정되지 않는다.

사. 시공

1) 일반시공 기준

가) 공사를 시공함에 있어 도면에 의거 정확히 시공되어져야 하며 설계자의 의도가 충분히 나타날 수 있게 시공하여야 한다.

나) 어떤 경우든 사전에 충분한 공작도를 제출하여 승인을 득한 후 시공하여야 한다.

다) 모든 모든 기준선 및 수평은 감독원의 확인을 득한 후 시공하여야 한다.

라) 이음 맞춤의 가공 마무리

마) 이음 맞춤 각부의 크기 비례 및 그 마무리에 대하여서는 감독원의 승인을 득하여야 한다.

바) 목재는 시공 후 뒤틀림이나 갈라짐이 없도록 구조재와 완전 고정하여야 한다.

사) 합목을 할 경우는 나비촉 맞춤 방법으로 하며, 나비촉 맞춤의 개소는 담당원의 지시에 따르고 추후 뒤틀림, 갈라짐, 휨 등의 변형이 없어야 한다.

아) 합판 또는 치장재가 손상이 가지 않도록 완전 접착시켜 가공 제작하여야 한다.

자) 목재마감 허용오차

① 부재길이: +1.5㎜

② 부재맞춤(수직, 수평): +0.01㎜

③ 부재각도(36, 40): +0.04㎜

④ 면적 1㎡: +2㎟

차) 표면처리

마감면의 모든 구멍과 균열은 원목 조각으로 채워서 결 방향으로 가볍게 마감처리 하여야 한다.

카) 목공사 유의 사항

① 목공사는 잘 짜여져 기준선과 수평에 정확히 맞게 되어야 하고 안전한 구조가 되어야 한다.

② 스터드, 중도리, 난간 등은 실공간과 마감내력을 제공하도록 규격지어져야 한다.

③ 볼트 등은 부재를 위치에 넣어서 안전히 고정되도록 적당한 크기의 타입과 크기의 것이라야 한다.

④ 목재 골조의 모든 못은 끝을 구부려야 하고, 머리가 마감공사에서 노출되어서는 안 된다.

2) 방부 처리

가) 적용범위

외부 노출 부위는 특기가 없는 한 다음에 대하여 방부처리를 하여야 한다.

① 구조내력상 주요 부분에 사용되는 목재로서 콘크리트, 벽돌, 돌 등 기타 이와 비슷한 포수성 재질에 접하는 부분

② 목조의 받침기둥을 구성하는 부재의 모든 면

③ 급배수 시설에 근접한 목부로써 감독원이 지시하는 부분

④ 습기 차기 쉬운 모르터 바름, 라스붙임 등의 바탕으로서 감독원이 지시하는 부분

나) 방부재의 재질

감독원과 협의하여 다음 방법에 의한다.

- 방부처리한 목재는 인체에 해롭지 않고 금속재를 녹슬지 않게 하는 것으로 한다.

- 직접 우수에 젖는 곳에 쓰는 방부 처리된 목재는 방수성이 있는 것으로 한다.

다) 방부처리 방법

① 가압주입법: 방부액이든 가압탱크에 목재를 넣어 물리적 압력으로 방부액을 주입하는 법

② 침지법: 방부액이든 탱크에 목재를 넣어 방부처리하는 법

③ 도포법: 도포는 솔 또는 헝겊으로 하고 뿜칠은 뿜칠기로서 1회 처리한 후, 감독원의 승인을 받아 다음 회의 처리를 한다.

④ 표면탄화법: 목재의 표면을 토치램프를 이용하여 2~3㎜ 두께로 태우는 것

3) 방연 처리

- 내장공사에 사용되는 목재의 방연 처리 또는 방연 목재에 적용한다.

- 방연 처리는 목재 방연제에 의한 개설법ㆍ침지법ㆍ도포법 또는 뿜칠법으로 한다.

- 방연 처리한 목재는 사람과 가축에 해롭지 않고 또한 철재를 녹슬지 않게 하는 것으로 한다.

- 목재는 방연 처리에 지장이 없는 정도로 건조되어야 하며, 방연 처리된 목재는 충분히 건조된 후에 사용한다.

- 페인트칠ㆍ바니쉬칠 등으로 마무리하는 목재의 방연재는 감독관과 협의 후 시행한다.

※ 방연 페인트는 방연 페인트를 칠한 후 락카 도장을 해도 이상이 없는 재료라야 한다.

아. 가벽(가베) 설치

건축물 내부의 비내력벽(내화벽, 일반벽)을 설치함에 있어서 건식재료(석고 보드, 목재 및 수평 구조물, 수직 구조물)를 사용하여 설치하며, 미장 및 도장공사를 대신할 수 있는 공사에 대하여 적용한다. 현재 에어공구를 사용하고 있어 인테리어용 내장 각재는 라왕, 소송, 미송을 주로 사용하며 각재의 크기는 30*30 각재를 사용한다.

1) 시공 순서

가) 벽 위치 설정

설치할 벽의 위치를 결정하고 레이저 레벨기를 이용해 천장과 바닥에 벽의 중심선을 긋는다. 이때 벽이 수직이 되도록 주의하여야 한다.

나) 경량철골과 달리 목재 가베는 벽틀(Wall)을 제작해서 설치한다.

① 벽틀의 하단 런너를 먹선을 따라 64대타카로 바닥에 ST핀으로 고정한다.

② 바닥먹선에서 수직으로 먹매김한 천정 먹선에 벽틀 상부 런너를 대타카로 천정에 고정한다.

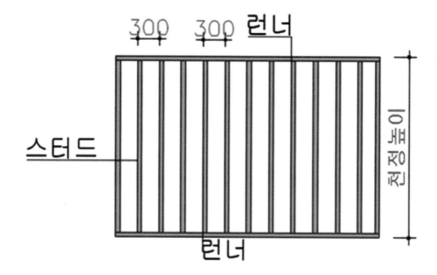

③ 검사공사의 스터드 간격은 중심간 간격이 300㎜로 유지해야 하나 일반 개인공사는 석고 보드 규격에 맞추어 450㎜ 간격으로 하기도 한다.

④ 표면재가 합판인 경우 406㎜ 간격으로도 하나 검사공사는 300㎜를 유지해야 한다.

※ 인테리어용 목재는 서울 강남지역은 라왕각재를 사용하고 수도권은 소송각재를 많이 쓰고 기타지역은 미송각재를 많이 쓴다.

- 라왕: 필리핀, 인도, 인도네시아 등지에서 산출되는데 백나왕·적나왕 등 여러 종류가 있음. 강도는 높지 않고 균질이다. 가공, 세공하기 쉬우므로 기구, 가구, 건축용재 등으로 쓰이며 가격대가 미송의 2배 정도 된다.
- 소송: 러시아산 소나무로 미송보다 백색이며 변형이 적고 가벼우며 목질이 부드러워 내장 공사 각재로 많이 쓰며 미송보다 좀 비싸다.
- 미송: 북아메리카산 소나무로 소송보다 무겁고 옹이가 많고 변형이 잘 되나 가격대가 비싸지 않아 우리나라 남부지방 공사업자들이 많이 사용한다.

벽틀(가베) 시공

⑤ 상부와 하부가 고정된 벽틀이 각재의 휨과 동시에 외력에 의해 흔들림 등 변형 발생을 방지하기 위해 바닥에서 높이 500㎜간격으로 한 칸 건너 한 칸씩 기존 벽면에다 콘크리트 타카로 고정시킨다.

⑥ 이때 상부와 하부 수직면을 맞추기 위해 합판을 100㎜ 정도로 직선으로 재단한 후 한쪽 면에 각재를 부착한 후 규준대를 만든 다음 규준대를 이용해 스터드를 수직이 되게 고정한다.

다) 표면재 부착

① 실의 사용 용도에 따라 5㎜ 합판을 한 벽에 부착하고 목공용 205본드를 석고보드 뒷면에 갈지자로 바른 다음 422타카로 석고보드를 부착하는 방법. 이 방법은 벽면에 외력이 많이 작용하는 곳에 적용한다.

② 석고보드를 세로로 각재틀에 422타카로 부착한 뒤 석고보드 뒷면에 205본드를 갈지자로 바른 후 가로로 덧붙여 석고보드 두 겹을 부착하기도 한다. 이 방법은 주로 마감면이 도장 마감인 경우다.

③ 각재틀에 석고보드 1겹만 부착하는 경우도 있다. 이런 경우는 도배마감하는 단독주택 등에 적용한다.

④ 석고보드나 7.5㎜ 미만의 합판을 부착 시는 422타카로 부착하는데 타카핀의 간격은 50㎜ 이내 간격으로 한다.

자. 칸막이벽 설치

1) 벽체틀(Wall) 제작

가) 칸막이벽의 제작방법은 가벽(가베) 벽틀제작과 동일한 방법이나 벽의 두께를 적용하여 제작하게 되므로 2*4 각재, 30*30 각재, 코어합판 18㎜ 등 제작방법이 각기 다르다.

① 2*4 각재를 적용하면 벽체 두께가 100㎜일 경우 임시칸막이를 많이 하는데 이는 목재의 특성상 길이방향이 아닌 좌우로 휨(배부름) 현상이 나타날 수 있어 정밀시공에는 하면 안된다. 자재값이 비싸나 작업속도가 빠르다.

② 30*30 각재를 사용할 경우 벽체 두께 마감치수를 고려하여 5㎜ 합판을 벽체 두께 적용한 치수 즉 벽체 두께가 120㎜이면 120㎜로 재단 후 판재의 양쪽 가장자리에 205본드를 바른 후 422타카로 30*30 각재를 부착한 다음 벽틀을 제작, 설치한다.

현장 벽틀 설치

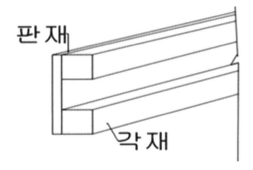

※ 좌측 그림과 같이 5㎜ 합판과 30*30 각재로 벽체 두께를 고려한 부재를 제작한 후 벽틀을 제작 설치한다.

- 좌우방향 휨현상을 방지하고 정밀시공이 요구될 때 사용한다.

③ 18㎜ 코어합판으로 벽틀제작은 재료는 고가이나 전시장 등 정밀시공이 요구되고 작업의 속도를 요할 시 코어합판을 벽체 두께를 적용하여 재단 후 각재 대신 벽틀을 제작 설치한다.

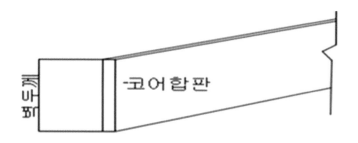

④ 칸막이벽은 양면 표면재를 부착하는데 시공방법은 가벽설치 표면재 부착과 동일하다.

⑤ 사용 용도에 따라 스터드부재 사이에 단열재 또는 흡음재를 넣기도 한다.

⑥ 건축법상 칸막이는 화염의 확산 방지를 위해 슬라브 바닥면까지 시공을 원칙으로 한다.

차. 천장(반자)시공

천장시공은 경량천장이나 목재천장 시공 방법은 동일하다. 최근에는 경량철골 반자틀을 설치하고 M-BAR 대신에 타카바를 설치하고 석고보드 또는 흡음판 설치를 많이 하고 있으며 금속인테리어도 많이 하는 편이다. 그러나 본장에서는 목재틀을 설명코자 한다.

1) 시공순서

① 먹매김: 마감바닥에서 1m 높이에 기준먹(허리먹, 오야먹)을 놓고 먹선을 기준으로 천장높이 및 바닥높이를 결정한다.

② 천장높이가 결정되면 기준먹에서 반자틀 높이를 측정하여 천장높이 먹선을 먹매김한다.

③ 천장 먹선 위로 각재하단이 천장 먹선에 맞도록 30*30 각재로 반자돌림대를 64타카 DT핀으로 고정한다.

※ 화장실의 경우 타일 두께로 인하여 몰딩시공이 불가하므로 64타카 ST핀으로 반자돌림대를 고정하고 각재 30*30 1개를 DT핀으로 덧대어 시공해야 한다.

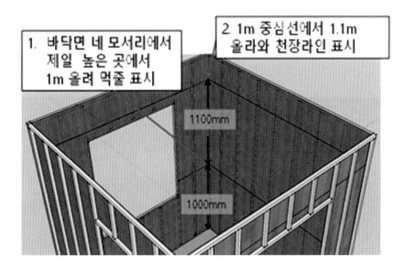

1. 바닥면 네 모서리에서 제일 높은 곳에서 1m 올려 먹줄 표시

2. 1m 중심선에서 1.1m 올라와 천장라인 표시

1100mm

1000mm

④ 콘크리트 슬라브 하부에 달대받이 30*30 각재를 벽에서 30~40㎝ 떨어져 콘크리트 타카로
   고정하고 그다음 달대받이는 90㎝ 간격으로 부착한다.

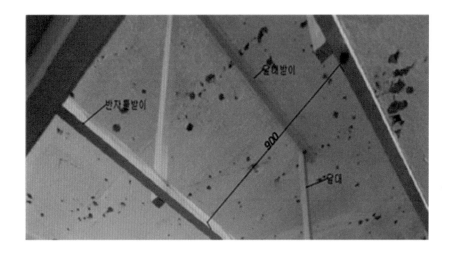

⑤ 달대를 가로 세로 900*900 간격으로 고정시킨 후 반자돌림대 양쪽 상단에 맞추어 달대에
   먹매김한다. 이때 반드시 먹줄을 수평으로 하여 먹줄을 친다.
⑥ 달대에 그려진 먹선 위쪽 즉 반자틀받이 30*30 각재 하단이 먹선에 맞도록 하여 64타카
   DT핀으로 달대받이를 고정 후 달대받이 밑으로 남은 달대를 톱으로 잘라낸다.

⑦ 반자틀 나누기를 하여 검사 공사는 300㎜ 간격, 일반 공사는 450㎜ 간격으로 달대받이에 먹매김 후 먹선에 맞추어 반자틀을 64타카 DT핀으로 고정시킨다.

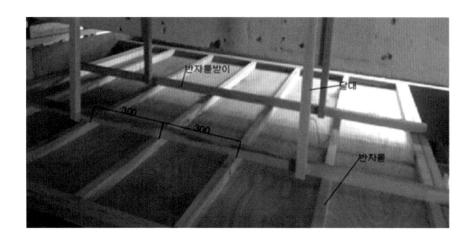

2) 표면재(반자)시공

가벽 및 칸막이벽 표면재 시공과 동일한 방법으로 5㎜ 합판 위 석고보드, 석고보드 2겹, 석고보드 1겹 시공 방법이 있다.

※ 벽체시공 석고보드는 주로 3*8(900㎜*2,400㎜)으로 시공하고 천장은 3*6(900㎜*1,800㎜)석고보드로 시공한다.

- 일반적으로 천장 높이는 아파트, 빌라는 2350㎜, 단독주택은 2500㎜, 학교 및 사무실은 2500㎜~2600㎜, 무대장치 위는 4000㎜으로 한다.

3) 달대 대신 트러스를 이용한 반자시공

트러스를 이용한 반자틀 시공은 아파트나 빌라는 불가능하다. 아파트나 빌라는 천장 속 공간이 100~150㎜로 트러스를 이용한 방법은 불가능하다.

① 트러스 제작은 5㎜ 합판을 250~300㎜ 폭으로 재단한 뒤 판재 양쪽 가장자리에 205본드를 바른 뒤 30*30 각재를 양쪽에 부착하고 마구리부분에도 각재를 부착한다.

② 벽면에 설치된 반자돌림대 위에 제작된 트러스를 고정시키고 옆으로 넘어지지 않게 보강 조치한다.

③ 벽면에서 300~400㎜ 떨어져서 트러스를 고정하고 그 다음은 900㎜ 간격으로 트러스를 고
정한 뒤 트러스 하단에 300㎜ 간격으로 먹매김을 하고 그 먹선에 맞추어 반자틀 각재를
부착하여 반자를 완성한다.

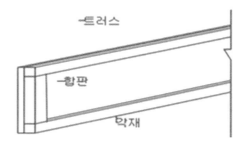

4) 표면재(반자) 시공

가벽 및 칸막이벽 표면재 시공과 동일한 방법으로 5㎜ 합판 위 석고보드, 석고보드 2겹, 석고보
드 1겹 시공 방법이 있다.

5) 천정 몰딩시공

몰딩이라 함은 판재 및 마감재 끝단 부분을 보기 좋게 커버시키는 마감재를 말한다.

각도 컷팅기를 이용하여 재단하여 실타카로 고정한다.

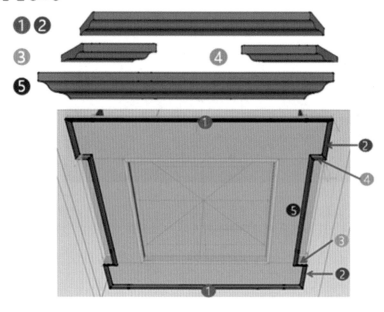

부분별 몰딩모양

① 몰딩의 재단방법은 컷팅기의 마이터각도를 31.5도에 맞추고 베벨각도를 32도에 맞춘 다음 몰딩재를 각도기 위에 수평으로 놓고 재단한다. 이때 다른 작업자가 각도기의 기계를 다른 각도로 수정하면 안 된다.

② 여러 명이 동시에 각도컷팅기를 공용으로 사용 시는 컷팅기 바닥면이 상부천장면으로 보고 몰딩재를 실제 천장에 붙는 각도로 45도 되게 한 다음 컷팅기 각도를 45도에 맞추고 재단한다.

③ 몰딩의 부착은 천장은 반자가 되어 있고 벽은 대부분 시멘트벽이라 천장면에만 실타카를 고정시킨다.

※ 몰딩자재도 유행에 따라 위에서 말하는 갈매기(크라운) 몰딩 외에도 마이너몰딩, 평몰딩, 계단몰딩 등 다양하게 적용되고 있다.

카. 바닥공사

강당의 단상 또는 초등학교 교실마루, 해장국집 바닥마루 등 실내공사에서 마루시공은 목공인테리어의 일부분이므로 시공방법에 대해 알아본다.

1) 시공순서

① 시공도면 및 설계치수를 근거로 기설치된 기준먹에서 바닥높이를 결정하고 바닥높이를 먹매김한다.

② 바닥높이 먹선에 맞추어 장선설치 각재와 동일한 각재로 각재 상단을 먹선에 맞춘 다음 마루 돌림대를 벽에다 고정한다.

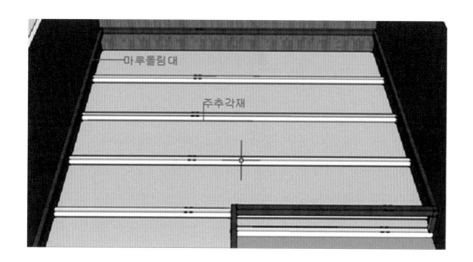

③ 일반적으로 외부 데크마루에서는 주춧돌 동바리 멍에 간격은 900㎜ 이내로 한다.

외부 데크마루는 각재의 크기가 2*4(38*89) 이상일 때의 기준이다.

④ 그러나 실내 마루는 장선각재의 크기에 따라 주추각재 동바리 멍에 간격이 결정된다.

수도권은 장선각재를 30*60 각재를 쓰고 남부권은 30*45 각재를 많이 쓴다.

⑤ 동바리 멍에 간격은 남부권은 450㎜ 이내 수도권은 600㎜ 이내 간격으로 해야 한다.

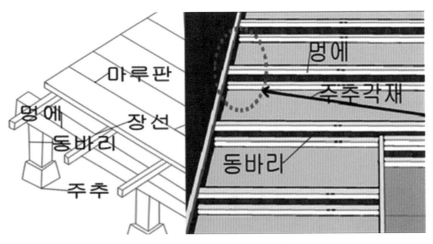

좌측 데크마루와 우측 실내마루 비교

⑥ 데크마루의 동바리를 실내 마루시공에서는 5㎜ 합판으로 대체한다.

⑦ 미리 설치한 주추각재에 205본드칠을 하고 멍에 상단높이보다 15㎜ 정도 낮게 재단한 판재를 422타카로 부착한다.

⑧ 마루돌림 하단높이와 일정하게 본드칠을 한 멍에각재를 합판 상단에 멍에 높이 기준에 맞추어 422타카로 붙여 주추 동바리 멍에를 일체화를 시킨다. 이때 사용되는 각재는 30*30 각재로 해도 문제되지 않는다.

⑨ 멍에각재 위에 마루돌림과 같은 높이로 장선각재를 300㎜간격으로 설치한다. 멍에와 장선의 부착은 반드시 90㎜ 이상의 못으로 박는다.

⑩ 마루의 표면재 부착은 12㎜ 이상 내수합판 1겹 시공 후 후로링 마루판 부착 방법과 12㎜ 내수합판 격자로 2겹 시공 후 데코타일 마감 등이 있다.

타. 목공인테리어 적산

목공사에 대한 표준품셈이 있으나 조적, 방수, 미장 등은 품셈으로 인한 수량산출이 정확하나 목공사는 품셈적용과 잘 맞지 않으므로 일반적으로 목공사 업자들이 사용하는 방법으로 적산 재료의 수량산출을 한다.

1) 가벽 재료수량

① 가벽 1㎡ 당 각재 6m 판재(석고보드, 합판) 1㎡ 소요 할증률 각재 10% 판재 20% 적용한다.

② 천장 1㎡ 당 각재 6m 판재(석고보드, 합판) 1㎡ 소요 할증률 각재 10% 판재 20% 적용한다.

③ 칸막이 1㎡ 각재 5m 판재(석고보드, 합판) 1㎡ 소요 할증률 각재 10% 판재 20%

④ 바닥 1㎡ 각재 10m 판재 1㎡ 소요 할증률 각재 10% 판재 15% 적용

※ 일반적으로 목공사 견적은 재료비: 노무비를 1:1로 보면 된다. 이렇게 적용하면 목공사 재료비 노무비 경비(식대, 장비대) 포함된 금액이 된다.

3. 미장공사

가. 일반 사항

1) 적용범위

이 시방은 건물 내부전반의 바닥, 벽 등의 시멘트 모르터 바름에 한해 적용한다.

2) 작업시설

　　가) 공사수행 중 공사용 작업 창고 및 재료 보관장소에 의한 방해가 없도록 적절한 장소 지정 및 철거 시기를 계획한다.

　　나) 미장공사는 균열이나 들뜸 등의 결함이 발생할 수 있으므로 초벌바르기 전에 결함방지를 생각하는 동시에 각 공정(工程)에서 충분한 일정을 취하고 초벌을 바른 후 시공자는 수시 점검 및 감독원의 입회에 의한 검사를 실시해야 한다.

　　다) 콘크리트 블록면의 미장은 초벌 6㎜ 두께를 바른 후 필요한 경우 감독원과 협의하여 라스를 붙인다. 또한 3m마다 줄눈을 마련하여 수축 크랙의 방지에 노력한다.

3) 현장 정리

　　가) 작업이 끝난 후에는 인접 부위에 설치해 놓은 임시 보호물을 제거한다.

　　나) 문틀, 창틀, 문, 창문, 등 미장 마감면이 아닌 부분에 묻어 있는 미장 마감 재료는 즉시 제거한다.

　　다) 바닥, 벽면 부분 중 미장마감 작업에 의하여 얼룩진 부분은 즉시 깨끗이 청소한다.

　　라) 미장 마감 작업이 완료되면, 현장에 남아 있는 자재, 용기, 장비 등은 즉시 현장에서 제거하며, 제거한 후 바닥에 남아 있는 미장 작업 찌꺼기는 깨끗이 청소한다.

　　마) 위 작업이 끝나면, 미장면이 오손되지 않도록 보호물을 설치하여 사용 검사를 받을 때까지 보호한다.

나. 재료

1) 결합재

가) 시멘트

시멘트는 KS L 5201(포틀랜드 시멘트), KS L 5210(고로 슬래그 시멘트), KS L(실리카) 및 KS L 5211(플라이 애시 시멘트)에 합격한 것으로 한다. 백색 시멘트는 KS L 5204(백색 포틀랜드 시멘트)에 합격한 것으로 한다.

2) 아스팔트

방수용 아스팔트는 KS F 4052(방수공사용 아스팔트)에 합격한 것으로 한다.

3) 골재

가) 모래

아래 품질 및 체 가름 기준에 적합한 모래를 사용하되, 흙 등의 이물질이 섞이지 않아야 하며, 해사를 사용해서는 안 된다. 다만, 해사를 물로 세척하여 아래 기준 이상을 유지할 경우는 사용할 수 있으며, 이 경우 조개껍질 등의 이물질이 섞이지 않아야 한다.

나) 품질기준

① 체 가름

- 바닥 바름용 및 벽 초벌 바름용

- 벽 정벌 바름용

4) 무기질계 경량 단열골재

가) 펄라이트 및 질석

펄라이트는 KS F 3701(펄라이트), 질석은 KS F 3702(질석)에 합격한 것으로 한다.

나) 기타 광물성 경량 골재

팽창혈암 및 소성 플라이 애시 등의 경량골재는 KS F 2551(절연 콘크리트용 경량골재)에 합격한 것으로 한다.

5) 유기질계 경량 골재

합성수지의 발포 골재는 시험 또는 신뢰할 수 있는 자료에 의해서 품질이 인정된 것으로 한다.

6) 종석

종석은 대리석 기타 부순 돌, 부순 모래로서 단단하고 미려한 것으로 하고, 입자 크기의 표준은 다음과 같다.

① 인조석 바름에서는 2.5㎜체 통과분이 전량의 1/2 정도, 테라조 바름에서는 5㎜체 통과분이 전량의 1/2 정도를 표준으로 한다.

② 바닥심기용 콩자갈은 직경이 30㎜ 이상의 것으로 한다.

③ 종석은 지나치게 납작하거나 얇지 않은 것으로 한다.

7) 물

물은 깨끗하고 유해한 양의 기름, 염분, 철분, 유황 유기질 및 유독물질을 포함하지 않아야 한다.

8) 기배합재료

가) 라스 바탕용 기배합 시멘트 모르터

시멘트에 골재, 혼화재료 등을 공장에서 배합한 라스 바탕용 기배합 시멘트 모르터는 KS F 4716(시멘트계 바탕 바름재)의 품질규준에 합격한 것으로 한다.

나) 시멘트 모르터 엷게 바름재

① 시멘트계 바탕 바름재

시멘트, 내구성이 있는 세골재, 무기질 혼화재, 수용성 수지 등을 공장에서 배합한 분말체로 제조업자가 지정한 비율의 시멘트 혼화용 폴리머 분산제와 혼합한 기배합재료, 또는 폴리머 분산제 대신에 유화형 분말수질를 사용한 분말체만으로 구성된 기배합재료로서, 공사현장에서 적당량의 물을 더하여 반죽상태로 사용하며, KS F 4716(시멘트계 바탕 바름재)의 각 규정에 합격한 것으로 한다.

② 엷게 바름용 모르터

엷게 바름용 모르터는 시멘트, 합성수지 등의 결합재, 골재, 무기질계 분체 및 섬유재료를 주원료로 하여 주로 건축물의 내외벽을 뿜칠, 롤러칠, 흙손질 등으로 시공하고, 원칙적으로 시멘트계를 제외하고는 한 겹이고 또한 KS F 4715(엷은 마무리용 벽 바름재)에 합격한 것으로 한다.

시멘트계는 시멘트에 용적비 1~3배의 한수석, 경량 모래, 펄라이트 등의 세골재와 적당량의 수용성 수지 등을 공장에서 배합한 것으로서, 제조업자가 지정한 비율로 시멘트 혼화용 폴리머 분산제를 혼합하고, 적당량의 물을 더하여 반죽상태로 사용한다.

③ 유색 시멘트

유색 시멘트는 백색 시멘트에 안료, 골재, 혼화재료 등을 공장에서 배합한 것으로서, 시험 또는 신뢰할 수 있는 자료에 의해서 품질이 인정된 것으로 한다.

④ 거친 마무리재

거친 마무리재는 시멘트에 골재, 혼화재료, 안료 등을 공장에서 배합한 것으로서, 시험 또는 신뢰할 수 있는 자료에 의해서 품질이 인정된 것으로 한다.

⑤ 셀프레벨링재

셀프레벨링재는 다음의 2종류 중에서 KS L(셀프레벨링재의 품질기준) 또는 특기시방에 적합한 것을 사용한다.

- 석고계 셀프레벨링재

석고에 모래, 경화지연제, 유동화제 등을 혼합하여 자체 평탄성이 있는 것으로 한다.

- 시멘트계 셀프레벨링재

포틀랜드 시멘트에 모래, 분산제, 유동화제 등을 혼합하여 자체 평탄성이 있는 것으로서 필요할 경우는 팽창성 혼화재료를 사용한다.

다) 혼화 재료

① 무기질 혼화재

소석회는 KS L 9007(미장용 생석회 및 소석회), 돌로마이트 플라스터는 KS F 3508(돌로마이트 플라스터)에 합격한 것으로 한다. 그 외 포졸란, 연황토, 석회석분, 규석분, 플라이애쉬 및 고로 슬래그 가루 등은 시험 또는 신뢰할 수 있는 자료에 의해서 품질이 인정된 것으로 한다.

② 합성수지계 혼화제

- 폴리머 분산제(합성수지 에멀젼 및 합성고무 라텍스)는 KS F 4916(시멘트 혼화용폴리머 분산제)에 적합한 것으로 한다.

- 수용성 수지(메틸셀룰로오스 등) 및 재유화형 분말수지 등은 시험 또는 신뢰할 수 있는 자료에 의해서 품질이 인정된 것으로 한다.

③ 감수제

감수제 등의 표면활성제를 혼합하는 경우에는 시험 또는 신뢰할 수 있는 자료에 의해서 품질이 확인된 것으로서 사용량은 모르터의 강도, 기타 물성에 영향을 주지 않는 것으로 한다.

라) 방수제

방수제는 시험 또는 신뢰할 수 있는 자료에 의해서 품질이 인정된 것으로 한다.

마) 회반죽용 풀

회반죽에 사용하는 풀은 다음의 것으로 한다.

① 듬북 또는 은행초

듬북 또는 은행초는 봄 또는 가을에 채취하여 1년 정도 건조된 것으로서, 뿌리 및 줄기 등을 혼합하여 삶은 점성이 있는 액상으로, 불용해성분의 중량이 25% 이하의 것으로 한다.

② 분말 듬북

③ 수용성 수지(메틸셀룰로오스 등)

바) 안료

안료는 내알칼리성 무기질을 주재료로 하고, 직사광이나 100℃ 이하의 온도에 의해서 변색되지 않으며, 또한 금속을 부식시키지 않는 것으로 한다.

다. 바탕

1) 바탕의 일반적 조건

미장바름의 바탕은 일반적으로 아래 사항을 만족하는 것을 원칙으로 한다.

　가) 미장바름을 지지하는 데 필요한 강도와 강성이 있어야 한다.

　나) 사용조건 및 지진 등의 환경조건에서 미장바름을 지지하는 데 필요한 접착강도를 유지
　　할 수 있는 재질 및 형상이어야 한다.

　다) 미장바름의 종류 및 마감 두께에 알맞은 표면상태로서, 유해한 요철, 접합부의 어긋남,
　　균열 등이 없어야 한다.

　라) 미장바름의 종류에 화학적으로 적합한 재질로서, 녹물에 의한 오손, 화학반응, 흡수 등에
　　의한 바름층의 약화가 생기지 않아야 한다.

2) 메탈라스 바탕

　가) 재료

　① 메탈라스는 KS F 4552(메탈라스)에 합격하는 것으로서, 종류는 도면 또는 특기시방에 따
　　르고, 도면 또는 특기 시방에 지정이 없을 때는 1호 2종의 평메탈라스로 한다.

　② 방수지는 KS F 4901(아스팔트 펠트) 또는 KS F 4902(아스팔트 루핑)에 합격한 것으로 선
　　택한다.

　③ 메탈라스의 힘살은 지름 2.6㎜ 이상의 강선으로 한다.

　④ 갈고리 못은 지름 1.6㎜(#16), 길이 25㎜ 내외의 철선으로 한다.

　⑤ 강제철망의 단위면적당 중량은 외벽 및 피난과 안전상 중요한 부위 등으로 3m를 초과하
　　는 층고의 내벽에서는 700g/㎡ 이상으로 한다.

　⑥ 우수에 노출되는 외부 등의 라스시멘트 모르터벽에 사용하는 강제철망 및 스테이플, 못
　　등의 부착철물은 아연도금 등 부식을 방지하는 유효한 표면처리가 된 것으로 한다.

　⑦ 라스 시트 및 골철판 라스를 사용할 경우는 라스 시트는 KS D 7061(라스 시트)에 합격하
　　는 것으로 한다.

나) 공법

① 방수지를 칠 때의 이음은 가로, 세로 90㎜ 이상 겹치고, 약 300㎜ 간격으로, 기타 부분에서는 적절한 간격으로 갈고리 못치기로 고정하고, 우글거리거나 주름이 생기지 않도록 한다. 방수지에 손상된 곳이나 찢김이 생긴 곳이 있을 때는 물이 새지 않도록 잘 겹쳐 댄다.

② 메탈라스는 가로, 세로 300㎜ 내외, 특히 천장은 150㎜ 내외로 갈고리 못치기로 하고 접합부는 450㎜ 이상 겹치도록 한다.

③ 힘살을 사용할 때는 세로 끝단은 기둥 또는 샛기둥받이에 닿게 하고, 가로는 간격 450㎜ 내외로 겹쳐 대어 교차하는 부분과 중간의 1개소씩에 갈고리못을 치고, 또한 힘살에 둘러쌓인 라스부분 중앙의 1개소에 갈고리못 치기로 한다.

④ 리브라스는 리브를 바탕쪽으로 하여 지름 1.2㎜ 이상의 철선으로 얽어매거나 갈고리 못으로 고정하되, 리브에 교차하는 받이재마다 끝은 리브를 따라 간격 300㎜ 내외로 연결 고정한다. 접합부는 세로 45㎜ 이상 겹치고, 가로는 리브와 리브를 겹친다. 4장이 겹치는 곳에는 2장을 모서리 자르기로 한다.

⑤ 메탈라스 고정용 부속품의 깊이, 치수는 마감재의 두께와 바름횟수에 따라 조정한다.

3) 와이어라스 바탕

가) 재료

① 방수지는 메탈라스 바탕에 따른다.

② 와이어라스는 KS F 4551(와이어라스)에 합격한 것으로 한다. 별도의 지정이 없는 경우는 능형(귀갑형) 와이어라스로 한다.

③ 와이어라스의 힘살은 지름 2.6㎜ 이상의 강선으로 한다.

④ 갈고리 못은 지름 1.6㎜(#16), 길이 25㎜ 내외의 철선으로 한다.

나) 공법

① 방수지의 설치방법은 메탈라스 바탕에 따른다.

② 와이어라스는 특별한 경우를 제외하고는 세로 치기로 하고, 가로 이음은 가로눈 꿰메기

로 하고 세로 이음은 철망 1코 겹치기로 하여 힘살을 넣는다.

③ 라스를 치는 방법은 간격 300㎜ 내외로 갈고리 못으로 한다. 나온 모서리는 돌려치고, 들어간 구석은 메탈라스를 나비 150㎜ 내외로 자른 것을 양단의 바탕재에 갈고리 못치기를 한 위에 와이어라스를 치고 힘살을 구석에서 꿰메는 식으로 삽입한다.

④ 힘살을 사용하는 경우에 세로는 기둥 및 샛기둥에 닿게 하고 가로는 간격 450㎜ 내외 꿰메는 식으로 누벼 넣거나 덧대고, 교차하는 부분 및 그 중간에 1개씩, 힘살에 둘러싸인 라스 부분의 중앙에 갈고리 못치기로 한다.

⑤ 천장 및 추녀 천장에 와이어라스를 치는 경우에는 미리 밑에 메탈라스를 갈구리 못치기로 하고, 그 위에 와이어라스를 일반벽에 준하여 친다. 다만, 힘살은 한쪽은 반자틀마다 넣고 다른 쪽은 360㎜ 내외로 한다.

⑥ 와이어라스의 고정용 부속품의 깊이 및 치수는 마감재의 두께와 바름횟수에 따라 조정한다.

4) 시공

가) 시공계획 및 현장관리

① 시공계획

- 시공자는 시방서에 따라서 시공계획서를 작성한다.

- 시공자는 시공계획서에 따라서 적용범위, 공사개요, 작업조 편성, 작업공정(工程), 바탕조건, 작업용 가설비, 보양방법 및 안전관리 등에 대한 작업계획서를 작성한다.

나) 공정(工程)관리

① 시공자는 시공계획서에 따른 자재수급 계획을 수립하여 작업을 진행한다.

② 미장공사는 사용재료와 공법적용에 충분한 공기를 확보한다.

③ 미장공사는 먹매김은 도면에 따라 정확히 하고 담당원의 승인을 얻는다.

④ 미장공사는 다른 공사와 시공순서를 고려하려 재시공하는 일이 없도록 해야 한다.

⑤ 시공자는 주위의 다른 작업으로 미장작업에 지장이 있거나 마무리면이 손상될 우려가 있는 경우, 담당원에게 그 취지를 보고하여 다른 작업과 조정한다.

다) 현장 안전관리

① 배합장소 및 작업장소

- 작업장소는 바름 재료의 종류, 공정(工程)에 맞는 적절한 채광, 조명 및 통풍 등이 되도록 창호를 열고, 조명, 환기설비를 준비한다.
- 배합장소 및 작업장소는 항상 정리정돈한다.
- 사용하는 기계기구에 필요한 전기설비 및 급배수설비를 준비한다.

② 미장공사용 작업 발판

- 미장공사용 가설통로 및 작업발판은 산업안전보건법의 산업안전기준에 관한 규칙을 준수하여야 한다.
- 미장공사의 바름면과 작업발판 사이의 간격은 마감재의 종류, 시공방법 등을 고려하려 작업에 지장을 주지 않는 거리를 유지하고, 필요시는 담당원과 협의한다.
- 추락의 위험이 있는 고소작업에는 적절한 추락방지설비를 설치하고 작업자는 필요한 보호구를 착용하도록 해야 한다.

③ 안전관리

작업장소의 안전관리는 근로기준법 및 산업안전보건법을 준수하여야 한다.

5) 보양

가) 건물의 진동

기계운전 등으로 인해 진동이 심하고 작업이 어려운 경우 및 보양에 지장을 줄 경우에는 담당원과 협의하여 처리한다.

나) 시공 전의 보양

① 바름작업 전에 근접한 다른 부재나 마감면 등은 오손되지 않도록 종이붙임, 널대기, 포장덮기, 거적덮기, 폴리에틸렌필름 덮기 등으로 적절히 보양한다.
② 바름면의 오염방지 외에 조기 건조를 방지하기 위해 통풍이나 일조를 피할 수 있도록 창에 유리를 설치한다.

③ 뿜칠바름면에서는 바름 전에 직사일광, 바람, 비 등을 막기 위한 시트보양을 한다. 특히 파라펫과 발판 사이에는 비가 들이치지 않도록 덮개를 씌운다.

다) 시공 시의 보양

① 한냉기에는 따뜻한 날을 선택해서 시공하도록 한다. 부득이 기온이 5℃ 이하에서 시공할 경우는 판자울치기, 거적덮기를 하거나 비닐시트 등을 둘러치고 난방기 등으로 보온한다.

② 미장공사를 여름에 시공하는 경우는 바름층의 급격한 건조를 방지하기 위하여 거적덮기 또는 폴리에틸렌 필름 덮기를 한 다음 살수 등의 조치를 강구한다.

③ 주위의 작업으로 바름작업에 지장이 있는 경우는 작업을 중지한다.

④ 공사 중에는 주변의 다른 부재나 작업면이 오손되지 않도록 적절하게 보양한다.

라) 시공 후의 보양

① 바람 등에 의하여 작업장소에 먼지가 날려 작업면에 부착될 우려가 있는 경우는 방풍 보양 한다.

② 조기에 건조할 우려가 있는 경우는 통풍, 일사를 피하도록 시트를 걸어 보양한다.

6) 균열 및 박리의 방지

가) 문선, 걸레받이, 두겁대 및 돌림대 등의 개탕 주위는 흙손날의 두께만큼 띄워 둔다.

나) 개구부의 모서리나 라스, 목모시멘트판, 석고라스보드등 균열이 발생하기 쉬운 곳에는 종려털 바름, 헝겊 씌우기를 하고, 시멘트 모르터 바름일 때는 메탈라스 붙여대기 등을 한다.

다) 콘크리트, 콘크리트블록 및 목조 바탕 등의 이종바탕 접속부의 균열을 방지하는 방법은 담당원의 지시에 따른다.

라) 각종 부위가 충격, 진동 등에 의해서 박리 우려가 있는 경우는 미리 바탕의 전면에 KS D 7017(용접철망)의 규정에 적합한 금속망을 덮고 적절한 조치를 강구한다.

라. 시멘트 모르터 바름

1) 재료

멘트, 골재, 물, 혼화 재료

2) 바탕

가) 바탕은 3.(바탕)에 따른다.

나) 적용하는 바탕은 콘크리트, 프리캐스트 콘크리트, 콘크리트블록 및 벽돌, ALC 패널, 메탈라스, 와이어라스, 목모시멘트판 및 목편시멘트판으로서, 그 외의 바탕에 적용할 경우는 특기 시방에 따른다.

3) 바탕의 처리 및 청소

가) 콘크리트, 콘크리트블록 등의 바탕으로 덧붙임손질을 요하는 것은, 표 5.1의 바탕바름에 나타내는 모르터로 요철을 조정하고 긁어 놓은 다음 2주 이상 가능한 오래 방치한다. 모르터를 부착하기 어려운 때에는 혼화제를 넣은 시멘트풀을 미리 얇게 문지르고 나서 덧붙여 모르터를 바른다.

나) 콘크리트바탕 또는 콘크리트블록 및 벽돌 바탕에 직접 바를 때에는 바탕 표면을 물로 축이고 산성식각용액(acid etch solution)으로 문지르고 세척할 수도 있다. 바름재의 부착력이 특히 필요할 때에는 이와 같은 작업을 반복한다.

다) 바탕은 바름하기 직전에 잘 청소한다. 콘크리트, 콘크리트블록 등은 미리 물로 적시고 바탕의 물 흡수를 조정하고 나서 초벌바름한다.

※ 간혹 현장에서 미장공들이 시멘트, 모래를 혼합한 뒤 건조된 사모래를 바닥에 고르게 펴고 물조루로 물을 뿌린 다음 흙손으로 미장을 하는데 시멘트가 첨가된 사모래는 속에 물이 스며들지 않아 속에 건조된 사모래가 그냥 있어 표면이 깨지고 무거운 물체를 올리면 파손되는 부실공사다.

4) 배합

모르터의 배합(용적비)은 시멘트:모래(1:3)으로 한다. 다만, 펄라이트, 팽창암 등 경량골재를 사용할 때의 배합은 특기 시방에 따른다.

※ 시멘트 1:모래 3은 시멘트몰탈 1㎥=시멘트 510kg:모래 1.1㎥로 한다.

가) 와이어라스의 라스먹임에는 다시 왕모래 1을 가하면 된다. 다만, 왕모래는 2.5~5㎜ 정도의 것으로 한다.

나) 모르터 정벌바름에 사용하는 소석회의 혼합은 담당원의 승인을 받아 가감할 수 있다. 소석회는 다른 유사재료로 바꿀 수 있다.

다) 시공상 필요할 경우는 라스먹임에 여물을 혼합할 수 있다.

라) 초벌바름과 라스먹임은 택일할 수 있다.

5) 바름두께

가) 마무리두께는 특기 시방에 따른다. 다만, 천장·채양은 15㎜ 이하, 기타는 15㎜ 이상으로 한다. 바름두께는 바탕의 표면부터 측정하는 것으로서 라스먹임의 바름두께를 포함하지 않는다.

나) 1회의 바름두께는 바닥의 경우를 제외하고 6㎜를 표준으로 한다. 다만, 메탈라스 및 와이어라스의 라스 먹임의 경우는 제외한다.

다) 바닥 및 외벽의 바름두께는 24㎜로 한다.

6) 시공

시멘트와 모래를 혼합하고 물을 부어서 잘 섞는다. 혼화재료로서 분말모양의 것은 섞을 때에 그대로 혼입하고 합성수지계 혼화제, 방수제 등 액상의 것은 미리 물과 섞는다. 비빔은 기계로 하는 것을 원칙으로 한다.

가) 초벌바름 및 라스먹임

① 흙손으로 충분히 누르고 눈에 뜨일 만한 빈틈이 없도록 한다. 바른 후에는 쇠갈퀴 등으로

전면을 거칠게 긁어 놓는다.

② 합성형 거푸집을 사용한 콘크리트 바탕 등으로 너무나 평활한 것 또는 경량 콘크리트블록 등으로 흡수가 지나친 것은, 시멘트 풀에 혼화재를 혼입하거나, 접착제를 사용하여 바르는 방법 등을 사용하여 접착력을 확보하기 위한 대책을 강구한다.

나) 초벌바름 방치기간

① 초벌바름 또는 라스먹임은 2주일 이상 가능한한 장기간 방치하여 바름면 또는 라스의 이은 곳 등에 생기는 흠이나 균열을 충분히 발생시키고 심한 틈새가 생기면 덧먹임을 한다.

② 기상조건이나 바탕 종류 등에 따라서는 담당원의 승인을 얻고 전술한 방치 기간을 둔다.

다) 고름질

바름두께가 너무 두껍거나 얼룩이 심할 때는 고름질을 한다. 초벌바름에 이어서 고름질을 한 다음에는 초벌바름과 같은 방치기간을 둔다.

라) 재벌바름

재벌바름에 앞서 구석, 모퉁이, 홈 주위 등은 규준대를 대고, 재벌바름은 규준대 바름과 병행하여 평탄한 면으로 바르고 다시 잣대 고르기를 한다.

마) 정벌바름

재벌바름의 경화정도를 보아 정벌바름은 홈, 구석 주위에 주의하고 얼룩, 처짐, 돌기, 들뜸 등이 생기지 않도록 바른다. 마무리는 특기 시방에 따른다.

바) 2회 바름 공법

바탕에 심한 요철이 없고 마무리 두께가 20㎜ 이하의 천장, 벽, 기타(바닥을 제외한다)는 초벌바름 후 재벌바름을 하지 않고 정벌바름을 하는 경우가 있다. 이 경우는 초벌바름 위에 정벌바름을 하여 수분이 빠지는 정도를 보아서 윗바름을 하고 잣대 고름질로 마무리한다.

사) 1회 바름 공법

평탄한 바탕면으로 마무리두께 10㎜ 정도의 천장, 벽, 기타(바닥을 제외한다)는 1회로 마무리 하는 경우가 있다. 이 경우에는 바탕면에 시멘트 풀을 바르고 거기에 정벌바름의 배합으로 밑바름하며 수분이 빠지는 정도를 보아 윗바름하고 잣대 고름질로 마무리한다.

아) 쇠흙손 마무리

쇠흙손으로 바르고 나무흙손으로 눌러 고르고 쇠흙손으로 마무리한다. 이 경우 평활한 마무리면을 얻기 위해서 무기질 혼화제 등을 혼합한 배합 표 5.1의 정벌바름으로 하고 모래의 양을 줄이지 않도록 한다.

자) 나무흙손 마무리

쇠흙손으로 바르고 나무흙손으로 고르고 마무리한다. 뿜기바탕에 적합하다.

차) 솔질 마무리

쇠흙손으로 바르고 나무흙손으로 고르고 마른 솔로 마무리한다. 이 경우 가능한한 솔에 물이 많이 묻지 않도록 한다.

카) 색 모르터 바름 마무리

① 색 모르터는 견본품과 시방을 미리 담당원에 제출하여 승인을 받는다.
② 외벽에 바르는 경우에 보통 시멘트, 착색 시멘트 및 백색 시멘트의 양은 돌로마이트 플라스터, 안료 등(골재를 제외한다)의 합계량과 같은 양 이상으로 한다.
③ 재벌바름까지는 보통 모르터의 경우와 같게 하고, 그 위에 5㎜ 이상으로 한다.

타) 긁어 만든 거친면 마무리

① 거친면 마무리 재료는 화강석, 대리석, 녹자갈 등의 색이 있는 자갈, 개천모래, 시멘트, 백색 시멘트, 착색 시멘트, 소석회, 돌로마이트 플라스터 등에서 고르고, 미리 견본품을 제

출하여 그 마무리 정도와 함께 담당원의 승인을 받는다.

② 보통 시멘트 또는 백색 시멘트, 착색 시멘트의 양은 돌로마이트 플라스터, 안료 등(골재를 제외한다)의 합계량 이상으로 한다.

③ 재벌바름까지는 보통 모르터의 경우와 같게 하고, 그 위에 두께 약 6㎜ 이상으로 바른 다음, 그 정도에 따라 흙손, 쇠빗, 솔 등의 기구로 얼룩이 없도록 긁어내서 마무리한다.

파) 기타 거친면 마무리

① 전항의 재료 또는 기배합 재료를 섞어 바탕처리를 한 콘크리트 면에 두께 6~8㎜로 바르고, 미리 제출된 견본바름과 같이 흙손으로 긁거나 모양을 만들고, 다시 그 면을 흙손 등으로 눌러 거친면으로 마무리한다.

② 눌러 바른 다음, 합성수지 도료 등으로 마무리칠을 할 때는 2일 이상을 둔다.

하) 바닥바름

① 콘크리트 바닥면에 모르터를 바를 때에는 바탕 표면의 레이턴스, 오물, 부착물 등을 제거하고 잘 청소한 다음 물을 뿌린다.

② 콘크리트 타설 후 수일 지난 것은 물씻기를 하되, 이때 물이 고인 상태에서 바르면 안 된다.

③ 바닥바름은 시멘트 풀을 충분히 문지르고 잘 고른 다음 수분이 아주 적은 된 비빔 모르터를 쇠흙손으로 발라 표면의 수분 정도를 보아 잣대 고름질을 하고, 물매에 주의하여 나무 흙손으로 고르고 쇠흙손으로 마무리한다.

※ 줄눈

- 모르터의 수축에 따른 흠, 갈라짐을 고려하여 적당한 바름면적에 따라 줄눈을 설치하고 줄눈의 종류는 특기 시방에 따르며, 특기 시방에 정한 바가 없을 때에는 누름줄눈으로 한다.
- 줄눈대를 쓸 때에는 미리 줄눈 나누기에 따라 줄눈대를 설치하고, 벽·바닥 등에서 목재 줄눈대를 쓸 경우는 마무리한 후, 줄눈대를 뽑아내고 지정한 재료를 줄눈에 다져 넣는다.

※ 비드

시멘트 모르터의 각진 면, 모서리 면, 구석 면 등을 보호하기 위하여 비드를 설치하고 비드의 종류는 특기 시방에 따른다. 비드의 종류로는 모서리용의 코너 비드, 단부나 개구부용의 케이싱 비드, 걸레받이용 베이스 비드, 조인트 비드, 줄눈 비드 등이 있다.

마. 셀프레벨링재 바름

1) 재료

   가) 석고계 셀프레벨링재는 물이 닿지 않는 실내에서만 사용한다.

   나) 재료는 밀봉상태로 건조해 보관해야 하며 직사광선으로부터 보호해야 한다.

2) 바탕

   가) 바닥콘크리트의 레이턴스, 유지류 등은 완전하게 제거하고 깨끗이 청소한다.

   나) 크게 튀어나와 있는 부분은 미리 제거하여 바탕을 조정한다.

   다) 제조업자가 지정하는 합성수지에멀젼을 이용해서 1회의 실러 바르기를 하고 건조시킨다.

3) 공정

   가) 셀프레벨링재의 바름공정(工程)

   ① 제조업자의 시방에 따라 생략 가능하다.

   ② 바름두께 10㎜ 이하인 경우는 모래를 혼합하지 않고, 바름두께 10~20㎜인 경우 제조업자가 지정하는 모래를 지정량 혼입한다. 혼입량의 표준은 일반적으로 30~100%이다.

4) 시공

   가) 재료의 혼합반죽

   ① 합성수지 에멀젼 실러는 지정량의 물로 균일하고 묽게 반죽해서 사용한다.

   ② 셀프레벨링 바름재는 제조업자가 지정하는 수량으로 소요의 표준연도가 되도록 기계를 사용하여 균일하게 반죽하여 사용한다.

나) 실러바름

실러 바름은 제조업자의 지정된 도포량으로 바르되 수밀하지 못한 부분은 2회 이상에 걸쳐 도포하고 셀프레벨링재를 바르기 2시간 전에 완료한다.

다) 셀프레벨링재 붓기

연도를 일정하게 한 셀프레벨링재를 시공면 수평에 맞게 붓는다. 이때 필요에 따라 고름도구 등을 이용하여 마무리한다.

라) 이어치기 부분의 처리

① 경화 후 이어치기 부분의 돌출부분 및 기포흔적이 남아 있는 주변의 튀어나온 부위 등은 연마기로 갈아서 평탄하게 한다.

② 기포로 인하여 오목 들어간 부분 등은 된비빔 셀프레벨링재를 이용하여 보수한다.

마) 주의사항

① 셀프레벨링재의 표면에 물결무늬가 생기지 않도록 창문 등을 밀폐하여 통풍과 기류를 차단한다.

② 셀프레벨링재 시공 중이나 시공 완료 후 기온이 5℃ 이하가 되지 않도록 한다.

바. 미장재료 적산

1) 시멘트몰탈 미장

바름면적×두께=몰탈량㎥

2) 시멘트:모래(1:3) → 시멘트 510kg:모래 1.1㎥

몰탈량㎥×시멘트 510kg=시멘트량kg,

시멘트량kg/40kg=시멘트 포

몰탈량㎥×모래 1.1㎥=모래량㎥

4. 방수공사

가. 적용 범위

이 절에 기재하는 방수공사는 콘크리트몰탈 및 기타 이에 유사한 재질의 모체 표면에 방수제를 도포하거나 침투시키고 방수제를 혼합한 몰탈을 덧발라 모체를 수밀방수하는 것이나 또는 시멘트몰탈 콘크리트에 방수제를 혼합하여 모체의 표면에 덧발라 방수하는 공사에 적용한다.

가) 방수제는 몰탈 또는 콘크리트에 혼합하여 물리적 화학적으로 모체의 공극을 메우고 수밀하게 하는 것으로서 일반사항에 적합하여야 한다.

나) 몰탈, 콘크리트 등의 모체의 응결 경화에 영향을 미치거나 수축 팽창성이 균열의 원인이 되거나 또는 강도를 감소시키지 아니하는 것으로 한다.

다) 철제는 부식시키지 아니하는 것으로 한다.

라) 모르타르 콘크리트의 시공을 용이하게 하고 부착성이 풍부한 것으로 한다.

1) 바탕 콘크리트의 체크

방수의 양부는 방수바탕의 체크와 확실한 시공에 의한다.

가) 바탕물매: 1/100 이상

나) 차올림면: 콘크리트 제물치장 마무리

다) 바탕 콘크리트면: 물이 고이지 않도록 수정

라) 철근 및 기타 돌출물: 돌출물은 깎아 내고 보수

마) 안 모서리, 바깥 모서리의 마무리: 적절한 모따기 폭 결정

바) 바탕 건조의 확인: 추후 방수 공법 적용시 부풀음 방지

2) 재료의 보관

재료의 보관에 있어서는 재료의 품질확보와 함께 적치에 의한 변형을 막고 화재예방에 노력한다.

가) 임시 보관장소를 배치도상에 표시한다.

나) 재료의 쌓는 방법, 풍우에서의 보호에 대하여 검토한다.

다) 화기 단속상의 주의 및 소화기 비치.

나. 시멘트 방수

1) 재료: 보통 포틀랜드 시멘트

2) 품질: 방수제는 아래의 규정에 합격한 것으로 한다.

　가) 응결시간은 1시간 후에 시작하여 10시간 이내에 종결한다.

　나) 안정성은 침투법에 의한 시험으로 균열 또는 비틀림의 원인이 되지 않는 것으로 한다.

　다) 강도는 강도 시험으로 콘크리트 또는 모르타르에 방수제를 넣은 것이 넣지 아니한 것에 비하여 콘크리트에서 85kg 이상, 모르타르에서 70kg 이상으로 한다.

　라) 투수비는 콘크리트에 방수제를 혼합한 것이 혼합하지 아니한 것에 비하여 0.95% 이하로 한다.

3) 방수제의 종류

방수제는 역상 방수제로 하며, 순도, 소정 사용량, 사용방법 등이 명시되고 방수 성능, 시험 성적 등으로 보아 보장할 수 있는 것으로써 완결 방수액을 사용한다.

4) 시멘트 및 모래 기타 재료

　가) 시멘트

시멘트는 KS L 5201의 1종 보통 포틀랜드 시멘트에 적합한 것으로 한다.

　나) 모래

입도는 다음의 기준에 따른다. 0.15㎜ 이하의 입자가 작은 것은, 이 입자 대신에 포졸란이나 기타 무기질분말을 적량 투입하여 사용하여도 된다.

5) 물

물은 청정하고, 유해 함유량의 염분, 철분, 이온 및 유기물 등이 포함되지 않은 것을 사용한다.

6) 보조재료

시멘트 액체방수 시공 시 기상적 제약, 공기단축, 바탕대응, 지수작업, 작업성능 개선 등을 목적으로 사용하는 보조재료는 종류, 품질 및 사용법은 승인된 방수제 제조업자의 제품자료에 따른다.

7) 방수제의 배합 및 비빔

　가) 방수제는 방수제 제조업자가 지정하는 비율로 투입하고 모르타르 믹서를 사용하여, 충분히 섞는다.

　나) 시멘트풀(페이스트)는 시멘트:모래(1:1), 즉 시멘트페이스트 1㎥=시멘트 1,093kg:모래 0.78㎥

　다) 방수몰탈은 시멘트:모래(1:3), 즉 몰탈 1㎥=시멘트 510kg:모래 1.1㎥

　라) 방수시멘트 페이스트는 시멘트를 먼저 2분 이상 건비빔 한 다음에 소정의 물로 희석시킨 방수제를 투입하여 균일하게 될 때까지 5분 이상 섞는다.

　마) 방수모르타르는 모래, 시멘트의 순으로 믹서에 투입하고 2분 이상 건비빔 한 후에 소정의 물로 희석시킨 방수제를 투입하여 균일하게 될 때까지 5분 이상 섞는다.

　※ 이때 물은 물 20L:방수액 0.2L를 혼합한 물을 말한다.

　바) 믹서의 회전을 멈춘 다음, 모르타르 내의 수분이나 모래의 분리가 없어야 하며, 불순물이 포함되지 않아야 한다.

　사) 방수모르타르의 비빔 후 사용이 가능한 시간은 방수제 제조업자의 지침이 없는 경우 20℃에서 45분 이내로 한다.

8) 시공

　가) 바탕준비

　① 평면부 바탕의 콘크리트 표면은 쇠흙손 등으로 평활하게 마무리한다. 오목 모서리는 직각으로, 볼록 모서리는 각이 없이 완만하게 면 처리한다.

　② 방수바탕은 휨, 단차, 들뜸, 레이턴스, 곰보, 균열 및 현저한 돌기물 등의 결함과 접착을 저

해하는 유지류, 얼룩, 녹, 거푸집 박리제 등의 이물질이 없어야 한다. 콘크리트 이음 타설부는 줄눈봉을 사용하지 않은 경우 이음면의 양쪽으로 각각 폭 15㎜ 및 깊이 30㎜ 정도로 V컷팅되어야 한다.

③ 바탕이 건조할 경우에는 시멘트 액체방수층 내부의 수분이 과도하게 바탕에 흡수되지 않도록 물로 적셔 둔다.

나) 시공순서

- 시멘트 액체 1차방수

① 시멘트풀칠을 한다.

② 침투성 방수액을 도포한다.

③ 방수몰탈을 바른다.

- 시멘트 액체 2차방수

위의 1차방수를 한 번 더 반복한다.

다) 양생

① 바름 완료 후 재료의 특성 및 시공장소에 따라서 적절한 양생을 한다.

② 직사일광이나 바람, 고온 등에 의한 급속한 건조가 예상되는 경우에는 살수 또는 시트 등으로 보호하여 양생한다.

③ 특히 재령의 초기에는 충격, 진동 등의 영향을 주지 않도록 한다.

④ 저온에 의한 동결이 예상되는 경우에는 보온 또는 시트 등으로 보호하여 양생한다.

다. 합성수지(우레탄) 도막방수

1) 일반 사항

가) 방수재: 우레탄 고무계 두께 3㎜ 이상은 방수라 하고 두께가 3㎜ 미만은 도장이라 한다.

나) 품질 보증

- 재료의 품질관리

방수공사의 모든 기본적인 재료는 한국 공업규격 표시품 또는 이와 동등 이상의 품질의 것으로 하며 부차적인 재료는 제조업자가 추천하는 것을 사용하도록 한다.

다) 바탕면

합성수지 도막방수 공사는 반드시 바탕면 시공과 관통공사가 종결된 후에 진행되어야 한다.

라) 환기

실내에서 솔벤트로 만든 용제에서 나오는 유독가스가 쌓이는 것을 막기 위해 적당한 환기를 해야 하며 또 코팅이 완전 건조될 때까지 환기는 계속 해야 한다.

마) 특수공사 보증

누수 재료의 비정상적인 노후와 퇴락 및 기타 멤브레인 방수의 파괴 등을 포함하여 부실공사 부실재료는 보증기간에 개수 또는 교체하여야 한다.

바) 재료

① 방수용 도막제

폴리 우레탄 성분을 주원료로 하는 주제와 가교제 충진제 등을 주원료로 하는 경화제로서 이루어지는 우레탄고무계 방수재를 말하며 그 품질에 따라 노출형 우레탄 고무계 1류와 비노출고무계 2류로 구분하며 KS F 3211에 적합한 것이어야 한다.

② 프라이머

프라이머는 솔 또는 뿜칠기구나 고무주걱 등으로 도포하는 데에 지장이 없고, 다음 표의 품질에 적합한 것으로 방수재 제조업자가 지정하는 것으로 한다.

③ 부속재

- 보강포

보강포는 방수재와 잘 일체되어 보강효과를 가지고 치수 안정성이 뛰어나며, 다음표의 품질을 만족하는 것으로서 방수재 제조업자가 지정하는 것을 사용한다.

- 절연용 테이프

절연용 테이프는 KS A 1525의 1종에 적합한 것으로 한다. 또한 가황 또는 비가황고무계 테이프를 사용할 경우에는 두께 1㎜ 이상, 폭 100㎜ 정도의 것을 사용한다.

2) 시공

가) 바탕처리

① 바탕 면에 공사진행에 방해가 되는 이물질을 깨끗이 청소한다.

② 도시되었거나 도시가 되지 않았더라도 기본재료의 제조업자가 권장하는 대로 경사 스트립 및 유사한 부속 기구를 설치한다.

③ 감독원이 지시하는 대로 빈 공간은 메우고 이음 부분은 충전하고 또 본드 브레이크를 사용하는데 특히 구조이음부분에 주의해야 한다.

④ 방수를 하지 않는 인접 주변 표면으로 방수재료상 흐르거나 분산되는 것을 효과적으로 방지하기 위해서는 주변 표면을 완전히 덮어 보호하여야 한다.

나) 주의사항

① 방수 멤브레인의 시공은 소규모의 별로 중요하지 않은 공사 이외는 반드시 감독원이 보는 앞에서 그의 지시에 따라야 한다.

② 별도로 포장된 두 성분의 재료를 배합하는 데 있어서는 감독원의 지시에 따라야 한다.

③ 방수재료는 멤브레인이 시공될 바탕면과 주위의 표면에 균일한 두께로 시공되어야 한다.

④ 방수의 코팅 방법의 두께 프라이머 처리가 끝난 바탕면에 주제와 경화제 및 기타재료를 제조업자가 제시한 배합시방에 따라 충분히 혼합하고 붓칠, 롤러, 스프레이 등으로 기포가 들어가지 않도록 균일하게 하여 사용하여야 하며 도막의 두께는 3㎜ 이상을 기준으로 한다.

다) 우레탄 도막 방수 시공순서

- 하도작업

① 프라이머 바름 18L 1말 27~30㎡ 도포 가능

프라이머작업 중(하도작업)

- 중도작업

② 우레탄 방수재 + 경화제 바름두께 1㎜

③ 보강포 부착

④ 우레탄 방수재 + 경화제 바름두께 1㎜

⑤ 우레탄 방수재 + 경화제 바름두께 1㎜

※ 18L 1말은 0.018㎥로 3㎜ 두께로 도포할 경우 1말 6㎡를 도포할 수 있다.

우레탄 주제(중도작업)

- 상도작업

⑥ 코팅제 도포는 1말 30㎡를 도포할 수 있다.

라) 보호 층 시공

① 보호 층 시공에서 별도 조치가 필요한 경우 방수재 제조업자의 제품 자료에 따른다.

② 우레탄 도막방수공사에서 보호 모르타르를 시공할 경우 우레탄계 접착제를 사용, 마른
모래를 살포하여 보호 모르타르와의 부착강도를 높이도록 한다. 보호 모르타르의 배합비
는 1:3으로 하고, 두께는 특기가 없는 경우 벽체에서 6㎜, 바닥에서 24㎜로 한다.

※ 우레탄 도막방수는 이 밖에도 1액형방수도 있으나 주로 집장사들이 하는 우레탄 도장으
로 보면 된다. 노출형 우레탄의 색상은 녹색과 회색 두 종류가 있으며 비출형은 검은색으
로 블랙탄이라고 한다.

※ 실제 현장시공 방수공사 업자들은 보강포는 기본으로 하지 않고 중도작업 우레탄+경화
제를 한번에 들어부어 시공을 하는데 이렇게 하면 3~8년 후 수명을 다하게 된다. 1회에 1
㎜씩 3번에 나누어 하면 20년 정도 방수기능이 작용한다.

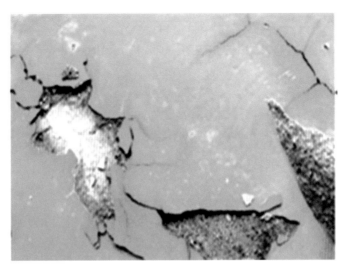

한번에 들어부어서 하면 3~8년 이내 이와 같이 된다.

라. 아스팔트 시트 방수

1) 재료

　가) 프라이머

　프라이머는 솔, 고무주걱 등으로 도포하는 데 지장이 없고, 8시간 이내에 건조되는 품질의

　것으로 한다.

　나) 개량 아스팔트 시트

　다) 보강 깔기용 시트

　라) 점착층 부착 시트

　- 뒷면에 점착층이 붙은 것으로 토치의 불꽃에 의하여 그 자체 및 단열재가 손상을 받지 않는

　　것으로 한다.

　마) 실링재

　실링재는 폴리머 개량 아스팔트로 한다. 실링재 종류는 정형 실링재와 부정형 실링재가 있다.

　바) 관련 재료

　아래의 관련 재료는 개량아스팔트 시트 제조업자 또는 책임 있는 공급업자가 지정한 것으로

　한다.

① 마감 도료

마감 도료는 솔 또는 뿜칠 기구로 도포하는 데 지장이 없게 방수층과 충분히 접착시켜서 양호한 내후성을 갖고 방수층의 품질을 저하시키지 않는 것으로 한다.

② 보호 완충재

보호 완충재는 지하 외벽의 방수층 표면에 부착하여, 모래 등으로 되메우기재의 충격 및 침하로부터의 영향을 제거하는 재료로 한다.

③ 누름쇠

누름쇠는 적절한 강성과 내구성을 갖고 방수층의 말단부를 확실하게 멈출 수 있는 것으로 한다.

④ 탈기장치

탈기장치는 방수성능을 손상시킴 없이 바탕의 수분을 양호하게 탈기시켜, 토치의 불꽃으로 변형되지 않는 내구성이 뛰어난 것으로 한다.

사) 기타 재료

상기 이외의 재료는 개량 아스팔트 시트 제조업자 또는 수입판매업자가 지정한 것으로 한다.

2) 시공

가) 프라이머의 도포

바탕을 충분히 청소한 후, 프라이머를 솔, 고무주걱 등으로 균일하게 도포해서 얼룩이 없게 침투시킨다.

나) 개량 아스팔트 시트 붙이기

① 개량 아스팔트 시트 붙이기는 토치로 개량 아스팔트 시트의 뒷면 및 바탕을 균일하게 구워서 개량 아스팔트를 용융시키면서 잘 밀착시킨다.

② 일반부의 개량 아스팔트 시트가 서로 겹쳐진 접합부는 개량 아스팔트가 불거져 나올 정도까지 충분히 가열하고 용융시켜서 수밀성을 좋게 한다. 개량 아스팔트 시트가 서로 겹쳐지는 폭은 긴쪽으로 100㎜ 정도, 폭방향으로 100㎜ 이상으로 하고, 물구배에 거슬리지

않도록 접합시킨다.

③ ALC패널의 단변 접합부 등 큰 움직임이 예상되는 부위는 미리 폭 300㎜ 정도의 보강깔기
   용 시트로 처리한다.

④ 치켜올림의 개량 아스팔트 시트의 말단부는 누름쇠를 이용해서 고정하고 실링재로 처리
   한다.

⑤ 지하 외벽 및 수영장 등의 벽면에서의 개량 아스팔트 시트 붙이기는 미리 개량 아스팔트
   시트를 2m 정도 재단하고 나서 한다. 높이가 2m 이상인 벽은 같은 작업을 반복한다.

⑥ 재단하지 않고 개량 아스팔트 시트를 붙이는 경우에는 늘어뜨리는 장치를 이용해서 시공
   한다.

⑦ 개량 아스팔트 시트의 겹침 폭은 장방형(길이 방향), 폭방향 모두 100㎜ 이상으로 하고 최
   상단부 및 높이가 10m를 넘는 벽에서는 10m마다 누름쇠를 이용해서 고정한다.

⑧ 바탕에 부분적으로 융착시키는 경우의 시공법은 특기시방에 따른다.

다) 특수 부위의 마무리

① 모서리부의 요철부분은 일반 바닥면에서의 개량 아스팔트 붙이기에 앞서 폭 200㎜ 정도
   의 보강깔기용 시트로 처리한다.

② 드레인 주변은 일반 바닥면의 개량 아스팔트 시트 붙이기에 앞서 미리 드레인 내지름 정

도 크기의 구멍을 뚫은 500㎜ 정도의 보강깔기용 시트를 드레인의 날개와 바닥면에 깐다. 일반바닥면의 개량 아스팔트 시트는 보강깔기용 시트 위에 겹쳐 깔고 드레인의 안지름에 맞추어서 잘라낸다.

③ 파이프 주변은 일반 바닥면의 개량 아스팔트 시트 붙이기에 앞서 보강깔기용 시트를 파이프면에 100㎜ 정도, 바닥면에 50㎜ 정도 깐다.

④ 미리 파이프의 외경 정도 크기의 구멍을 뚫은 한 변이 파이프의 지름보다 400㎜ 정도 큰 정방형의 보강깔기용 시트를 파이프 주위의 바닥면에 붙인 후, 일반 바닥면의 개량 아스팔트 시트를 겹쳐 깐다.

⑤ 파이프의 치켜올림부의 개량 아스팔트 시트는 소정의 높이까지 붙이고, 상단부는 내구성이 좋은 금속류로 고정하고, 하단부와 함께 실링재로 처리한다.

3) 방수층의 보호, 마감

- 개량 아스팔트 시트 방수층을 후속 공정이나 관련공정 작업으로 인하여 파손되지 않게 잘보호 양생하기 위하여 다음과 같은 보호층을 시공한다.

- 땅속에 묻히는 외벽이나 바닥의 경우에는 보호 완충재를 부착하는 등의 방법으로 할 수 있으며, 이 경우는 반드시 특기시방으로 그 자재 및 시공방법 등을 명기하여야 한다.

① 바닥(옥내·외)

시트 방수층 위에 두께 15㎜ 이상의 보호 모르터를 시공한 후에 마감층(누름 콘크리트, 타일, 기타)을 시공한다.

- 벽(치켜올림부 포함)

방수층에서 20㎜ 이상 떨어지게 조적벽돌 등으로 쌓되 반드시 공간을 모르터 등으로 잘 채워주고, 조적벽에 마감층을 시공한다.

※ 방수지 1롤의 크기는 1*10m로 10㎡이나 100㎜씩 겹쳐시공으로 할증률을 10%로 하고 복잡한 특수부위는 할증율을 30%로 계산한다.

5. 건축도장 공사

가. 일반 사항

국토부 표준시방서를 근거로 하여 현장에서 적용할 수 있는 시공법을 기술하므로 실공사에 적용할 지침서로 작성된 것이다.

1) 적용 범위

건축물 실내외의 전반적인 칠공사에 적용하고, 시방서에서 정한 바가 없는 경우에는 도면 및 특기 시방에 준한다.

2) 관련 사항

가) 다른 공정의 진척 사항과 대조, 검사 후 착수시기를 검토한다.

나) 칠공사는 최종 공정이므로 타공사 공사지연으로 공기가 촉박할 경우가 많으므로 세밀한 공정계획을 세워 바탕의 건조기간을 단축하는 일이 없도록 한다.

3) 도료 검사

가) 도료는 KS 규격품이어야 하며 밀봉한 채 반입하여 감독원의 승인을 득한 후 시행한다.

나) 반입된 물품의 색상, 고유지정표시, 견본품에 제시된 내용과 일치되는지 확인해야 한다.

다) 통이 많이 찌그러지거나 녹슨 것은 반입하지 않는다.

라) 수성페인트 배합 확인을 해야 한다.

마) 통 뚜껑의 납품회사 검사자 봉인을 확인한다.

바) 시험생략 시 K.S.표시 허가사본을 청구한다.

4) 견본품 및 카다록 제출

공사에 사용되는 주요부분의 칠 및 뿜칠 등은 사전에 색상, 광택, 조직 등에 관한 견본품(SIZE 300*300㎜)을 제출하거나 카다록을 제출하여 설계자에게 제출하여 승인을 득한 후 실시한다.

5) 도료 및 보관

가) 도료 창고는 화기를 사용하는 장소에 인접되지 않도록 배치하고 분말소화기 배치 및 화기엄금 표시를 해야 한다.

나) 사용하는 도료는 필히 밀봉하여 새거나 엎지르지 않게 하고 사용 후 흘린 도료는 깨끗하게 닦아내어야 한다.

다) 가연성이 있는 도료의 내화구조로 된 창고에 보관하며 배합장소 및 작업장은 잘 정리하여 두고, 대팻밥, 종이조각 등이 날아다니지 않게 한다.

라) 독립된 창고로서 주위 공작물에서 1.5m 이상 떨어져 있게 한다.

마) 불연재로 하고 천장을 설치하지 않는다.

바) 도료의 용기 및 바닥에는 침투성이 없는 것을 깐다.

사) 가연성 칠을 취급할 때는 외부에 출입문을 두어 화기엄금의 표시를 하고 그 부근의 화기시공을 엄금하며 칠이 묻은 헝겊 등은 산화열의 축적으로 자연발화될 우려가 있으므로 안전한 장소에 그 폐품은 속히 현장 밖으로 처분하도록 한다.

아) 재료 보관하는 곳의 내부는 일광이 직사하지 않게 하고 환기가 잘 되고 먼지도 나지 않게 한다.

자) 도료의 보관은 실온 4~34℃ 이내에서 보관한다.

6) 도료의 혼합

도료에 안료를 함유한 것은 내용물이 충분히 섞이도록 저어서 균등하게 해야 하며 KS A 5101 표준체에 의하여 NO 210-100 정도의 체로 걸러 사용함을 원칙으로 한다.

7) 도료의 희석

에멀존 도료 및 수용성 도료는 청수를 사용하고 기타의 도료는 그 도료에 적합한 희석액을 사용하며, 원칙적으로 도료와 동일 제조공장품을 사용한다. 또 도료의 희석률 정도에 대하여는 도장법, 기온, 바탕재의 종류에 따라 다르므로 제조공장의 지시나 사용설명서 등에 의해 실시하지 않으면 안 된다.

8) 도료의 사용 가능 시간

칠할 때 혼합하여 사용하는 2액형 이상의 도료에서는 혼합비 및 혼합 후의 가능사용시간이 지난 것은 사용하지 않는다.

9) 환기 및 기상조건

다음과 같은 사항에서는 감독원과 협의 승인할 때까지 칠하여서는 안 된다.

   가) 칠하는 장소의 기온이 5℃ 이하이거나 35℃ 이상일 때는 작업을 하지 않는다.
   나) 강설우량이 1㎜ 이상이거나 강풍, 지나친 통풍, 칠할 장소의 더러움 등으로 인하여 물방울 들뜨기, 흙 및 먼지 등이 칠 막에 부착되기 쉬울 때.
   다) 상대습도가 85% 이상일 때는 작업을 하지 않는다.
   라) 주위의 다른 작업으로 인하여 칠 작업에 지장이 있거나 또는 칠막이 손상될 우려가 있을 때.

나. 칠의 종류별 시공법

1) 수성페인트 도장 순서

   가) 몰탈부분 퍼티작업을 한다.

나) 면 고르기 연마작업을 한다.

다) 2차 퍼티작업을 한다.

라) 2차 면 고르기 연마작업을 한다.

마) 수성프라이머(바인다) 칠을 한다(롤러).

바) 수성페인트 1차 칠작업을 한다.

사) 수성페인트 2차 칠작업을 한다.

아) 정벌칠을 한다.

※ 수성프라이머(바인다) 1말 20L로 30㎡를 칠한다. 수성페인트는 2회 도장을 기준으로 1말 20L로 90㎡를 칠할 수 있다.

수성프라이머(바인다) 작업을 생략하면 3~4년 내에 옆의 그림과 같은 하자가 발생한다.

자) 주의 사항

① 5℃ 이하에서는 균열 발생의 우려가 있으므로 작업을 중지해야 한다.

② 롤러칠은 천천히 상하좌우로 고르게 한다.

③ 1회에 너무 넓게 칠하여서는 안 된다.

2) 아크릴 페인트(몰탈면 2회) 칠의 순서

　가) 몰탈부분 퍼티작업 후 면고르기 연마작업을 한다.

　나) 2차 퍼티작업 후 면고르기 연마작업을 한다.

　다) 아크릴 페인트 1차 칠을 한다.

　라) 요철부위 퍼티 작업 및 면고르기 연마작업을 한다.

　마) 정벌칠을 한다.

　바) 주의 사항

　① 도료가 눈에 접촉되지 않도록 한다.

　② 5℃ 이하에서는 작업을 중지해야 한다.

3) 녹막이 페인트 뿜칠(철재면 1회)

　가) 적용

　철재면 전처리 도료로서 녹발생 또는 부식을 방지할 수 있는 제품으로서 다음과 같은 도료
　사양에 의하여 사용하되 희석재 배합 및 교반상태 등은 도료 회사측과 충분한 검토 후에 감
　독원의 승인을 득한 후 사용하여야 한다.

　나) 도료 사양 및 칠의 순서

　① 색상: 무광회색

　② 성분: 무기질 규산아연계 2액형

　③ 비중: 약 1.37kg/ℓ

　④ 고형분 용적비: 38% ±2

　⑤ 건조도막 두께: 15μ(32.0㎡/ℓ)

　⑥ 칠 횟수: 1회(AIRLESS SPRAY)

　⑦ 재벌칠 간격: 24HR

4) 조합페인트 뿜칠(철재면 2회) 시공순서

　가) 색상: 무광(색상은 감독관과 협의 후 결정)

　나) 성분: 알키드 수지가 주성분

　다) 비중: 1.0~1.25kg/ℓ

　라) 고형분 용적비: 51~54%

　마) 건조도막 두께: 80μ(40μ*2회)

　바) 칠 횟수: 2회(AIRLESS SPRAY)

　사) 재벌칠 간격: 20℃에서 최소 18HR

5) 내산도료

　가) 산 및 가스 발생지역에 사용하는 도료는 다음과 같은 도료 사양에 의하여 사용하되 칠하기 전 색상, 희석재 배합, 교반상태 등은 도료 제작사측과 충분히 검토한 후에 감독원의 승인을 득한 후 사용하여야 한다.

　나) 아연말 도료(하도용)

　① 색상: 무광(회색, 녹색)

　② 성분: 무기질 규산아연계 전처리 프라이머(내화학성, 내열성, 내부식 방청 프라이머)

　③ 고형분 용적비: 62%

　④ 건조도막 두께: 60μ(10.3㎡/ℓ)

　⑤ 도포량: 10.3㎡/ℓ×0.09=9.27 ㎡/ℓ(0.108ℓ/㎡)

　⑥ 칠 횟수: 1회

　⑦ 재벌칠 간격: 24HR

　다) 에폭시 수지도료(중도용)

　① 색상: 무광(적색, 황색)

　② 성분: 2액형 에폭시 포리 아마이드(내마모, 내산성, 내염류성 도료)

③ 고형분 용적비: 48%

④ 건조도막 두께: 40μ(12.0㎡/ℓ)

⑤ 도포량: 12.0㎡/ℓ×0.09=10.8 ㎡/ℓ(0.093ℓ/㎡)

⑥ 칠 횟수: 1회

⑦ 재벌칠 간격: 8HR

라) 에폭시 에나멜 도료(상도용)

① 색상: 유광(지정색)

② 성분: 2액형 에폭시 폴리아마이드 에나멜도료(내마모성, 내화학성, 내부식 도료)

③ 고형분 용적비: 40~42%

④ 건조도막 두께: 40μ(10.3㎡/ℓ)

⑤ 도포량: 10.3㎡/ℓ×0.09=9.27㎡/ℓ(0.108ℓ/㎡), 0.108×2=0.216㎡/ℓ

⑥ 칠 횟수: 2회

⑦ 재벌칠 간격: 8HR

마) 상기 도료에 관한 선정시험 및 관리시험은 K.S규정에 준한다.

6) 에폭시 페인트(몰탈면)

가) 몰탈면 3회

① 색상: 하도 - 유광 투명 1회

　　　상도 - 유광 2회(색상은 감독관과 협의 후 결정)

② 성분: 에폭시 수지 2액형

③ 고형분 용적비: 35~47%

④ 건조도막 두께: 80μ(하도 30μ, 상도 25μ 2회)

⑤ 재벌칠 간격: 24HR

나) 걸레받이 1회

① 색상: 유광 흑색 1회

② 성분: 에폭시 수지 2액형

③ 고형분 용적비: 35~47%

④ 건조도막 두께: 25μ

다) 몰탈면 대전 방지 3회

① 색상: 무광(색상은 감독관과 협의 결정)

② 성분: 에폭시 수지 2액형

③ 고형분 용적비: 46%

④ 건조도막 두께: 80μ(하도 30μ, 상도 25μ 2회)

⑤ 재벌칠 간격: 8HR

7) 정전 분체 도장

가) 원료는 폴리에스터 고분자 수지(ELECTRO PLASTIC POWDER)에 해당하는 분말 (POWDER)를 사용한다.

나) 분말칠(POWDER COATING)의 입자유도 분포는 전체의 80% 이상이어야 한다.

① 정전 분체코팅 방법은 정전 자동 뿜칠 방식을 사용한다.

② 분말칠(POWDER COATING)의 두께는 60μ 이상을 기준으로 한다.

③ 분말칠(POWDER COATING)이 완료되면 170℃ 이상의 가열로 내에서 30~35분간 열풍 가열한다.

④ 색상은 색 견본을 제출하여 공사 감독원의 승인을 받는다.

다) 물리적 성질

① 필경도: 3H

② 내충격성: H-50㎜ 500g에서 균열 없음.

8) 천정 비닐 페인트 칠

    가) 피도면(석고보드)소지 및 정지작업

    나) 이음부분 한냉사 붙이기 작업

    다) 한냉사 부위 1차 퍼티작업

    라) 한냉사 부위 2차 퍼티작업

    마) 전체 퍼티작업 전면

    바) 전체 연마작업

    사) 비닐 페인트 1회 칠

    아) 요철 부위 고르기작업

    자) 비닐 페인트 2회 칠 마감

9) 철부 유색락카 칠

    가) 피도면 소지 및 정지작업

    나) 프라이머 2회 뿌리기(방청 작업용 락카 부착중대)

    다) 요철부분 프리에스텔 퍼티작업

    라) 연마작업

    마) 락카 1회 동일

    바) 요철부의 퍼티 고르기 작업

    사) 연마작업

    아) 1차 락카 뿜칠 2회

    자) 요철 부분 고르기 작업

    차) 상도 락카 뿜칠 2회

    카) 마감 락카 뿜칠 2회

10) 보양

    가) 시공이 완료된 부위는 이물질이나 먼지 등이 묻지 않도록 통행을 금지시키거나 보양을

하여야 한다.

나) 시공부위가 완전히 건조될 때까지 그 위에 다른 공정을 계속하여서는 안 된다.

다. 특수 칠 재료 및 공법

1) 방화 및 난연도료

가) 방화 도료(난연 도료)

건물 내장 목 재료에 특수 도료인 방화도료를 시공하면 가연성 물질이 난연화되면서 화재
발생원인을 제거하는 동시에 연소 확대를 억제하는 데 목적이 있다.

나) 재료

난연도료는 특수한 재열 합성수지와 인산염 유도체를 적정 배합한 특수도료로서 목재 및 합
판 등 가연성 내장 재료의 마감재로 사용하는 난연도료는 화재 시 단열층을 형성하여 화재
의 확산을 방지해 주는 하도용과 다양한 색깔과 미려도를 가진 상도용으로 되어 있고, 바니
쉬와 페인트의 두 종류를 가진 발포성 난연도료이다.

① 장화성이 우수하여 얇은 도막으로 강력한 난연 성능을 나타낸다.

② 외부의 충격과 마모에 훌륭한 저항력이 있어야 한다.

③ 농축된 산이나 알칼리 등 대부분의 화학물질과 오염에도 매우 강하며 쉽게 부러지지 않
　아야 한다.

④ 시공상 특별한 기능이 요구되지 않고 붓, 롤러, 스프레이 등 사용할 수 있는 시공이 용이
　한 제품.

다) 난연처리 시공 방법

① 합판 난연처리: 합판 난연처리는 약품에 합판이 목재의 수성 약품으로 적합하도록 시험
　분석된 제품을 사용해야 한다. 합판에 주약관 가압식 장비를 사용하여 합판 전체에 완전
　흡수토록 하며 훈풍 및 전기 기계를 이용하여 완전 건조해야 한다.

② 합판 입고 시 1장을 난연 검사소에 제출하여 난연 3급 검사에 합격하여야 한다.

③ 각재 난연처리 공사: 각재 및 합판은 현장에서 부분적으로 사용하는 부분에 처리하며 인력을 이용하여 칠한다.

④ 락카 위 도료 난연처리: 락카 마감 위에 난연도료를 사용하여 유성 재료로 난연하여 하는 작업이다.

⑤ 유성도료는 난연도료로서 시험 및 분석 감정 확인된 난연성 도료를 사용하여야 하며 작업 전 도료 견본품을 제출하여 승인을 득한 후 시공한다.

⑥ 상기 난연처리는 난연 3급 검사를 받아야 하며 방염처리는 소방서 발행 방염필증을 교부받아 감독원에게 제출한다.

울주군에 있는 그린우드에서 방염처리 시연회 사진

※ 가스버너 위에 두 부재가 불이 붙은 것 같으나 불을 끄고 나니 방염처리 된 부재는 그을음만 있고 불에 타지 않았다.

라. 시멘트 스타코(CEMENT STUCCO) 칠

1) 재료

　가) 시멘트 스타코: 시멘트 스타코는 KS의 규정에 적합한 것으로 한다.

　나) 합성수지 시멘트 바탕조정재: 수용성 고분자수지 에멀션전 및 고무 라텍스 등을 혼화제로 사용할 때나 ALC 패널 바탕 등의 흡수조정 및 평활한 바탕면의 접착성을 향상시킬 목적으로 합성수지 에멀션을 도포할 때에 사용

　다) 합성수지계 도료: 주로 착색 방수성 향상을 위하여 사용하는 것으로 내수성, 내알칼리성, 내후성이 양호한 합성수지의 에멀션 또는 용액으로 한다.

2) 시공법

　가) 재료의 혼합

① 합성수지 에멀션은 지정량의 물로 균일하게 타서 조정재로서 사용한다.

② 시멘트 스타코는 흙손 바르기의 작업성에 맞추어서 지정량의 물로 균일하게 반죽한다.

③ 시멘트 스타코에 시멘트 혼합용 합성수지 에멀션을 미리 혼합하여 사용한다.

④ 시멘트 스타코 1회의 반죽량은 2시간 이내에 모두 사용하도록 한다.

⑤ 합성수지 에멀션계의 경우는 지정량의 물로 용액계의 경우는 지정량의 희석액으로 균일하게 혼합한다.

　나) 조정재 칠

재료 제조업자의 사양에 의하여 조정재 칠을 생략할 수 있는 경우에도 하기 등 몹시 건조가 빠를 경우에는 밑 조정재 칠은 생략하지 않는다.

　다) 시멘트 스타코 칠

凹凸 부 처리 칠은 칠 두께가 일정하도록 지정량을 흙손으로 바른다.

라) 모양 넣기

모양 넣기를 하는 경우는 바른 시멘트 스타코가 아직 굳기 전 30분 전후인 때에 견본품과 동일하게 흙손으로 긁거나 롤러의 전압 등에 의하여 모양을 만든다.

마) 凹凸 부 처리

① 凹凸 부 처리는 흙손 또는 롤러 누르기로 한다.

② 흙손 또는 롤러 누르기는 견본과 동일한 무늬가 되도록 시멘트 스타코 바르기 및 모양 넣기 후 적당히 굳은 때를 보고한다.

바) 마무리 칠: 합성수지계 도료는 색깔얼룩, 광택얼룩 등이 생기지 않도록 균등하게 솔칠, 롤러칠 또는 뿜칠로 바른다.

마. 오일스테인 칠

1) 오일스테인의 종류

유성과 수용성 두 가지로 분류할 수 있다.

가) 유성 오일스테인은 독성이 있어 내부공사에는 하지 않는다.

나) 수성은 내부공사용으로 사용하는게 일반적이다.

2) 주의 사항

가) 오일스테인은 비중이 가벼워 뿜칠도장은 하지 않는다. 뿜칠 도장을 하게 되면 피도물에 도장이 되지 않고 바람에 날아가 버린다.

나) 유성 오일스테인은 목재 내부에 깊이 스며들어 목재의 부패방지를 하는 것이고 수용성 오일스테인은 내부용은 도막을 형성하고 외부용은 목재 내부에 침투되어 목재의 부패방지를 한다.

바. 무늬코트(다색채 모양 뿜칠)

무늬코트 도장은 주로 계단실에 많이 사용한다.

1) 적용범위

콘크리트, 모르터, 석고보드, 나무의 무늬칠

2) 무늬코트 칠의 공정

　　가) 퍼티먹임 및 연마지 닦기는 바탕의 상태에 따라 지장이 없을 때에는 담당원의 승인을 받아 생략해도 좋다.

　　나) 정벌용 광택 코팅은 아크릴에멀젼을 성분으로 한 수용성 고광택 투명 코팅제를 사용할 수 있다.

　　다) 합성수지 에멀젼 페인트는 특기시방에 정한 바가 없을 때에는 KS M5320(합성수지 에멀젼 페인트(내부용) 1급으로 한다.

　　라) 주의 사항

① 바탕은 충분히 양생되어야 하며 바탕의 레이턴스, 먼지, 유분 등을 완전히 제거해야 한다.

② 바탕의 pH는 7~9 정도, 함수율 10% 이하로 한다.

③ 5℃ 이하 및 상대습도 85% 이상에서는 건조가 불량해지므로 부착력 및 내구력이 저하되므로 칠을 피해야 한다.

④ 알칼리 용출로 인한 변색 및 무늬 번짐이 발생할 수 있으므로 철저한 방수를 해야만 하며 알칼리 용출이 예상되는 곳은 반드시 내알칼리성 실러칠을 한 후 작업한다.

⑤ 칠 작업 전 무늬 입자를 충분히 고르게 분산시켜야 하나 너무 심하게 분산시키면 무늬의 입자가 파괴될 염려가 있으므로 주의해야 한다.

⑥ 무늬칠 저장기간은 20℃에서 제조일로부터 3주 이내 사용해야 한다.

⑦ 무늬 코트 전용 스프레이 건을 사용하고 압력은 2.5~3.5kg/㎠으로 조정하여 사용한다.

사. 뿜칠용 도재칠(본타일)

1) 종류

　　가) 치장용 뿜칠 도재 중 내수성, 내알칼리성이 우수한 아크릴 공중합체 에멀젼을 주성분으로 한 수성 본타일

　　나) 색상 보유력, 내오염성이 우수한 아크릴 수지를 주성분으로 한 아크릴 본타일

다) 에폭시 에멀젼을 주성분으로 한 중도 무늬형의 에폭시 본타일

라) 그리고 경량기포 콘크리트 외부 마감 도재인 우수한 탄성과 내충격성, 균열에 대한 방수 효과를 줄 수 있는 탄성 본타일이 있다.

2) 주의사항

가) 틈새나 흠은 수성퍼티 혹은 에폭시 퍼티, 탄성 퍼티 등으로 메꾸어 조정한 후 작업한다.

나) 물을 사용하는 뿜칠 도재는 주위 온도가 5℃ 이하에서는, 작업 시 균열이 발생하기 쉬우므로 작업을 피해야 한다.

다) 수성 본타일은 내부용으로만 가능하며 외부에는 적용이 부적당하다.

라) 도장 시나 경화 시 주위 온도 5℃ 이상이 적합하며, 수분의 응축을 피하기 위하여 표면온도는 노점온도 이상이어야 한다.

마) 동절기나 저온에서는 산포 작업 시 기포가 발생될 수 있으므로 상도 1회차에 희석비를 높여서 중도면에 충분히 흡수되도록 작업해야 한다.

바) 충분한 환기하에서 작업을 행하고 밀폐된 공간에서의 작업 시에는 반드시 호흡기 보호장구를 착용하여야 한다.

사) 2액형 뿜칠 도재를 사용시 반드시 규정비율로 균일하게 혼합하여 사용해야 한다.

3) 시공

가) 도료의 배합

도장재는 바탕면의 조밀, 흡수성 및 기온의 고정 등에 따라 배합 규정 범위 내에서 감독원이 지정하는 장소에서 입회하에 적당히 조절한다.

나) 금속재 바탕청소 및 바탕 만들기

① 녹 및 유해한 부착물 등 노화가 심한 도막은 철저히 제거 청소한다.

② 면의 결점(흠, 구멍, 갈라짐, 옹이 등)을 보수하여 소요의 상태로 정비한다.

③ 칠하기 바탕면이나 1회 공정마다 그 바탕면이 건조한 다음에 감독원의 승인을 득한 후 다음 공정에 임한다.

④ 지상부 설치 철물이나 외부로 노출되는 표면은 SHOT BLASTING으로 바탕처리 한다.

다) 콘크리트(몰탈면) 바탕 만들기

① 경화 및 건조: 하지는 섭씨 21℃ 기준으로 약 30일 정도 건조되어야 한다.

② 하지 표면에 누적된 먼지, 기름기 등은 기계적인 표면처리나 세정방법 및 염산용액 (10~15%)으로 표면 식각 처리하여 모두 제거하여야 한다.

③ 수분 함유 허용 기준: 6% 미만

④ 적합한 pH값 기준: pH 7~pH 9

⑤ 깨진 곳이나 갈라진 곳은 'U'자형으로 깎아준 후에 적합한 레진몰탈 혹은 퍼티로 메꾸어 주어야 한다.

⑥ 흙손 등으로 미장된 콘크리트 표면은 표면에 형성된 연약한 시멘트층(LAITANCE)도 기계적인 표면처리나 산(酸)으로 처리하여 제거한다.

⑦ 칠의 사양과 상용성이 없는 이형제(FORM RELEASE COMPOUND)가 사용된 경우 이형제를 모두 제거하여야 한다.

⑧ 칠하기 전에 표면처리한 하지는 건조상태, 산용액 처리된 부위의 중화처리 상태를 확인하여야 하며 부착상태 점검을 위하여 사전에 소부위에 시험적으로 칠할 수 있다.

⑨ 플라스틱, 몰탈 및 콘크리트면의 바탕 만들기는 아래 표와 공정에 따른다.

라) 시공법은 무늬코트 시공방법과 동일하다.

6. 타일 공사

가. 일반사항

1) 적용 범위

도기질, 자기질 타일(이하 타일) 인조 대리석 타일, 천연석 타일, 크링크 타일을 사용하여 실내의 바닥·벽 마무리를 하는 타일 붙임공사에 적용한다.

2) 자재 검사 및 시험

치수검사, 외관검사, 흡수율시험 및 강도시험(AUTOCLAVE) 시험은 KS L 1001의 규정에 따른다.

3) 운반, 보관 및 취급

    가) 타일을 포장의 봉함이 뜯기지 않고 상표와 품질표시 사항이 손상되지 않게 하여 반입한다. 또한 사용 직전까지 외기와 습기로부터 영향을 받지 않도록 보관하고 포장이 훼손되지 않도록 한다.

    나) 접착재는 동결하거나 과열되지 않도록 한다.

    다) 타일공사 중에 주위의 기온이 5℃ 이상 유지되도록 하고 시공 후 동해를 입지 않도록 보양한다.

나. 재료

1) 타일은 KS규격품과 동등 이상의 품질의 것으로 한다.

2) 타일의 종류, 규격, 등급, 치수, 이형, 소지, 표면의 상태, 시유약의 색깔, 광택 및 등급은 제품사 특기 시방에 따르거나 견본품을 제출하여 감독원이 승인하는 것으로 한다.

3) 타일은 충분한 뒤굽이 있는 것으로 사용하고 뒷면은 유약이 묻지 않고 거친 것을 사용한다.

다. 견본

1) 타일의 색채를 선정할 때는 실제 타일로 구성된 색표(COLOR CHART)를 제출한다.

견본은 가로, 세로 각각 1m 이상 크기의 합판 또는 하드보드 등에 붙인 것으로 한다.

2) 간혹 카달록을 제출하는 경우도 있다.

라. 타일의 취급

감독원의 지시에 따라 사용 시까지 포장이 손상되지 않아야 한다.

마. 붙임 모르터 사양

1) 붙임 모르터르는 내장 자기질 타일 압착용 프리믹스트 기성 제품인 P시멘트 S타입으로 한다.

2) 시멘트: 시멘트는 KS L 5201(포틀랜드)의 규정에 합격한 것으로 한다.

3) 물: 물은 청결한 것으로 한다.

4) 모래: 모래는 양질의 강모래를 사용하고 유해량의 진흙 먼지 및 유기물이 혼합되지 않은 것으로 NO 8(2.5㎜)체에 100% 통과한 것으로 한다.

바. 혼화제

1) 특수타일, 대형타일을 시공 시에는 합성수지 에멀존(몰타론 M450, M300, M150) 및 합성고무 스텍계 등의 혼화제를 담당원의 지시에 따라 사용할 수 있다.

2) 혼화제는 보수성, 가소성, 부착성을 향상시키는 것으로 하고 혼화 방법은 제조업자의 시방에 따른다.

사. 모르터 비빔

1) 모르터 비빔 시 물량은 내장타일용 모르터 25㎏ 포당 5~7리터를 표준으로 하고 바탕의 습윤 상태에 따라 담당원의 지시에 따른다. 모르터는 물을 부어 1시간 이내에 사용한다.

2) 붙임 타일은 타일의 백화, 탈락, 동결 융해 등 결함사항에 대하여 충분히 검토해야 한다. 타일면은 우수의 침투를 방지할 수 있도록 완전히 접착시켜 접착력을 높이며, 일정 간격의 신축줄눈을 두어 백화, 탈락, 동결융해 등 결함이 없도록 해야 한다.

3) 포틀랜드 시멘트는 시멘트:모래(1:3), 시멘트몰탈 1㎥는 시멘트 510㎏:모래 1.1㎥로 한다.

※ 간혹 타일기능사 시험을 위주로 시멘트:모래(1:4)로 한다고 하나 건축에서는 부착강도가 가장 높은 1:3을 원칙으로 한다.

아. 시공

1) 바탕 준비

가) 압착 붙이기 또는 접착 붙이기를 할 경우 바탕면의 평활도가 다음 범위에 들도록 한다.

나) 바닥면은 물고임이 없도록 하고, 도면에 명시되지 않은 경우 욕실 및 세탁실의 경우 1/100, 발코니의 경우 1/150의 구배가 유지되도록 한다.

다) 타일을 붙이기 전에 바탕의 들뜸, 균열 등을 검사하여 불량부분은 보수하며, 불순물을 제거하고 청소한다.

라) 여름에 외장타일을 붙일 경우에는 하루 전에 바탕면에 물을 충분히 적셔 둔다.

마) 바탕이 도장이 되어 있는 경우는 완벽하게 갈아낸다. 바탕정리를 게을리 하면 타일의 박락 들뜸 현상으로 하자의 원인이 된다.

수성페인트 도장을 타일시공을 위해 전체적으로 갈아낸다.

2) 타일 붙이기

가) 일반조건

① 벽타일 시공은 특기가 없는 경우 압착 붙이기로 한다.

② 시공도 작성 시 지나치게 작은 크기의 조각타일이 생기지 않도록 줄눈나누기를 하고, 실내부일 경우 입구에서 보아 눈에 잘 띄는 부위에 온장이 위치하도록 한다.

③ 벽체 타일이 시공되는 경우 바닥 타일은 벽체 타일을 먼저 붙인 후 시공한다.

④ 균열이 생기기 쉬운 부분은 신축줄눈 설치방안에 대하여 승인을 받아 시공한다.

⑤ 배수구, 급수전 주위 및 모서리는 타일나누기에 따라 미리 마름장(자르기, 구멍 뚫기)을 하여 보기 좋게 시공한다.

⑥ 타일의 박리 및 백화현상이 발생하지 않도록 시공하고 보양한다.

나) 도자기질 타일 붙이기

① 벽 타일 붙이기

a. 압착 붙이기

- 붙임 모르타르의 두께는 원칙적으로 타일 두께의 1/2 이상으로 하고 5~7㎜ 정도를 표준으로 하여 붙임 바탕에 바르고 자막대로 눌러 표면을 고른다.

- 타일의 1회 붙임 면적은 모르타르의 경화속도 및 작업성을 고려하여 1.2㎡ 정도로 하고, 붙임 시간은 15분 이내를 원칙으로 하되 30분을 초과하지 않아야 한다.

- 타일은 한 장씩 붙이고 나무망치 등으로 충분히 두들겨 타일이 붙임 모르타르 안에 박혀 줄눈 부위에 모르타르가 타일 두께의 1/3 이상 올라오도록 한다.

b. 접착 붙이기

- 콘크리트 붙임 바탕 면은 여름에는 7일 이상, 기타 계절에는 14일 이상 충분히 건조시킨다.

- 바탕이 고르지 않을 때에는 접착제에 적절한 충진제를 혼합하여 바탕면이 평활도가 허용 범위 내에 들도록 고른다.

- 접착제의 1회 바름 면적은 2㎡ 이하로 하여 접착제를 흙손으로 눌러 바른다.

- 접착제의 표면 접착성 또는 경화 정도를 보아 타일을 붙이며, 붙인 후에 적절한 환기를 한다.

② 바닥 타일 붙이기

a. 붙임 모르타르의 1회 깔기 면적은 6~8㎡로 한다.

b. 타일의 붙임 면적이 클 때는 규준타일을 먼저 붙이고 이에 따라 붙여 나간다.

③ 치장줄눈

a. 타일을 붙인 후 3시간이 경과한 다음 줄눈파기를 하여 줄눈 부분을 청소하며, 24시간 경과한 후 붙임모르타르의 경화정도를 보아 치장줄눈을 하되, 작업 직전에 줄눈 바탕에 물을 뿌려 습윤케 한다.

b. 치장줄눈 너비가 5㎜ 이상일 때에는 고무 흙손으로 충분히 눌러 빈틈이 생기지 않게 하

며, 2회로 나누어 줄눈을 채운다.

c. 개구부나 바탕 모르타르에 신축줄눈을 두었을 때에는 실링재로 빈틈이 생기지 않도록 채운다.

d. 유기질 접착제를 사용할 때에는 승인된 제조업체의 제품자료에 따른다.

다) 인조대리석 타일 붙이기

① 시공 전 부착력을 저하시킬 수 있는 이물질을 제거한다.

② 물과 SBR라텍스를 3:1로 배합한 유상액을 시공면에 프라임 처리한다.

③ 시멘트와 모래를 1:3으로 배합한 모르타르를 시공면에 30㎜ 정도의 두께로 골고루 뿌리고 레벨링한다.

④ 시멘트 풀(SBR라텍스+시멘트 풀+물)을 모르타르 위에 뿌리고 대리석을 올려 놓고 고무망치로 수평을 잡으며 설치한다.

⑤ 젖은 스펀지 등으로 조심스럽게 대리석 표면에 묻은 모르타르 등의 이물질을 닦아 낸다.

⑥ 2~3일 지난 후 줄눈처리한다. 줄눈처리는 모르타르용 SBR라텍스를 첨가한다.

라) 천연석 타일 붙이기

① 천연석 타일 붙임은 압착공법으로 한다.

② 천연석 타일시공 시 두 면 중에서 거친면이 모르타르 접착면으로 하고, 평활한 면이 상부에 오도록 하여 전체 바닥면이 평활하도록 한다.

③ 천연석 타일줄눈은 백색시멘트로 시공하며, 줄눈크기는 감독원의 승인을 득한다.

마) 클링커 타일 붙이기

① 마감면에서 2㎜ 정도 높게 여유를 두어 된비빔한 붙임 모르터를 평평하게 깔며, 필요에 따라 물매를 잡는다.

② 바닥 모르터는 바르는 1회의 면적은 6~8㎡를 표준으로 한다. 타일을 붙일 때는 타일에 시멘트풀을 3㎜ 정도 발라 붙이고 가볍게 두들겨 평평하게 한다.

③ 신축줄눈에 대하여 도면에 명시되어 있지 않을 때 옥상의 난간벽 주위나 소정의 위치에는 담당원의 지시에 따라 신축줄눈을 두되, 방수누름 콘크리트면에서 타일붙임면까지 완전히 절연된 신축줄눈을 둔다.

④ 겨울철 공사 시에 있어서는 시공면을 보호하고 동해 또는 급격한 온도 변화에 의한 손상을 피하도록 기온이 2℃ 이하일 때에는 임시로 가설 난방 보온 등에 의해 시공 부분을 보양하여야 한다.

⑤ 타일을 붙인 후 7일간은 진동이나 보행을 금한다.

⑥ 줄눈을 넣은 후 또는 경화불량의 경우가 있거나 24시간 이내에 비가 올 염려가 있는 경우에는 폴리에틸렌 필름 등으로 차단 보양한다.

※ 타일을 붙이고 난 뒤 3~4시간 후에 줄눈파기를 하고 줄눈의 깊이가 최소 타일 두께 이상이 되게 해야 한다. 그렇게 하지 않으면 줄눈이 박락현상이 일어난다.

바) 현장 품질관리

① 시공 중 검사

하루 작업이 끝난 후 눈높이 이상 부분과 무릎 이하 부분의 타일을 임의로 떼어 타일의 뒷발에 붙임 몰탈이 충분히 채워졌는지를 확인하여 탈락이나 백화 등을 방지하여야 한다.

② 두들김 검사

붙임 모르타르가 경화된 후 검사봉으로 타일면을 두드려 보아 들뜸, 균열 등이 발견된 부위는 줄눈부위를 잘라내어 다시 붙인다.

③ 접착력 시험

a. 시험할 타일은 먼저 줄눈부분을 바탕면까지 절단하여 주위의 타일과 분리시킨다.

b. 시험할 타일은 부속장치(Attachment)의 크기로 하되, 그 이상은 180*60㎜ 크기로 바탕면까지 절단한다.

c. 시험은 타일 시공 후 4주 이상 경과 후에 시행한다.

d. 시험 결과 타일의 접착강도가 4kgf/㎠ 이상이어야 한다.

사) 보양 및 청소

① 보양

a. 타일을 붙인 후 도자기질 및 인조대리석 타일은 3일간, 천연석 타일은 7일간 진동이나 보행을 금한다. 다만, 부득이한 경우에는 승인을 받아 보행판을 깔고 보행할 수 있다.

b. 타일을 붙인 후 24시간 이내에 비가 올 염려가 있는 경우 빗물로 인해 피해가 발생할 수 있는 부위는 폴리에틸렌 필름 등으로 차단 보양한다.

② 청소

a. 도자기질 및 천연석 타일

- 치장줄눈 작업이 완료된 후 타일면에 붙은 모르타르, 시멘트풀 등 불결한 것을 제거하고 손이나 헝겊 또는 스펀지 등으로 물을 축여 타일면을 깨끗이 씻어낸 다음 마른 헝겊으로 닦아낸다.

- 공업용 염산 30배 용액을 사용하였을 때에는 물로 산분을 완전히 씻어 낸다.

- 접착제를 사용하여 타일을 붙였을 때에는 승인된 제조업자의 제품자료에 따라 용제로 깨끗이 청소한다.

b. 인조석 타일

중성세제로 바닥을 청소하고 깨끗한 물로 린스하여 바닥을 건조시킨 후 액상왁스를 고르게 바르고 물로 적신 걸레나 폴리셔 기계로 광택을 낸다.

자. 적산

1) 타일 1박스는 1.5㎡ 벽 또는 바닥면적/1.5=타일소요량 박스

2) 타일본드 1말 20L 5㎜ 두께일 경우 7.5㎡ 시공

3) 압착시멘트는 20kg 과 25kg 1포가 있다.

   7㎜ 두께로 바르는 경우 4.3~5.8㎡ 시공 가능

4) 타일의 할증률 3%

7. 단열 공사

가. 일반 사항

1) 적용범위

가) 건축물의 바닥, 벽, 천장 등의 열손실 방지를 목적으로 하는 일반적인 단열공사 및 방습 공사에 적용한다.

나) 단열 공사는 설계도 및 특기 시방서에 나타난 다음의 사항에 의하여 시공한다.

① 단열재의 종류 및 두께, 사용량

② 단열부위 및 개소

③ 단열층 및 그 부위의 구성

④ 방습층 및 통기층의 유무와 그 시방 및 구성

⑤ 단열부위 사이의 접합부 상세

⑥ 단열보강개소 및 그 상세

2) 재료

가) 단열재료

① 단열공사에 사용하는 단열재료는 KS 표시품 또는 상공자원부 장관의 형식승인을 받아 제 조한 것이어야 한다.

② 지정된 단열재료와 단열성능이 다른 재료를 불가피하게 사용해야 할 경우에는 감독자의 승인을 받아 지정된 재료의 열전도 저항값에 대응하는 두께 이상의 단열재료를 사용할 수 있다.

3) 보조 단열재 및 설치재료

보조 단열재 및 단열재 설치재료 등은 이 공사에 사용하는 단열재에 영향을 주거나 단열재로부 터 영향을 받지 않는 것을 사용하고, 나무벽돌, 연결철물, 방습필름 등은 감독자의 승인을 받아 사용 목적에 적합한 형상과 치수로 한다.

4) 재료의 검사

　가) 현장에 반입하는 재료는 한국산업규격 또는 상공자원부 장관의 형식승인 여부 및 재료의 규격, 품질 등이 도면 또는 특기 시방과 일치하는지 여부에 대하여 담당원의 검사를 받아야 한다.

　나) 특기 시방에 정한 바가 있거나 감독자의 지시가 있을 때는 공사착수 전에 단열재의 견본 및 시험 성적표를 담당원에게 제출하여야 한다.

5) 재료의 운반, 저장 및 취급

　가) 단열 재료의 운반 및 취급 시에는 단열재료가 손상되지 않도록 주의해야 한다.

　나) 단열 재료는 특성, 용도, 종류, 형상 등에 따라 구분하여 저장하되, 일사광선, 습기 등에 의해 변형이 되지 않도록 한다.

　다) 합성수지계의 단열 재료는 일광에 노출되지 않도록 보관해야 되며, 저장 및 취급 시에는 항상 화재 예방 조치를 해야 한다.

6) 재료의 가공

단열재료의 가공은 청소가 된 평탄한 면에서 행하되, 적절한 공구를 사용하여 정확한 치수로 가공하여 재료의 손상이 없도록 한다.

나. 공법

1) 단열 공법

　가) 충진 공법

　① 섬유계펠트(매트, 롤)형 단열재(글래스울, 로크울)가 사용된다.

　② 특성

　a. 비용이 적게 든다.

　b. 단열성능을 향상시킬 수 있다는 것이 최대의 이점이다.

　c. 기둥이나 간주부분 등에서 단열결손이 생길 수 있는 단점이 있다.

나) 외장 공법

① 비드법 단열재가 사용되고 있지만 경우에 따라서는 고밀도 글라스울이나 섬유계보드형 단열재가 사용된다.

② 특성

a. 건물 전체를 단열재로 감싸므로 단열결손이 잘 발생하지 않고 단열성능 향상에 매우 유효하다.

b. 단열재의 사용량이 많아 단열층을 외측에서부터 부가하므로 비용상승의 요소가 존재한다.

다) 흡입 공법(브로잉 공법)

① 천장부분의 단열공법으로서 보급되고 있는 흡입공법은 낱개상의 글래스울, 로크울, 셀룰로즈 파이버를 충진하는 것이다.

② 특성

a. 얼룩이 없이 충진할 수 있다.

b. 시공 후에 흘러내림이 발생하지 않는 장점이 있다.

c. 흡수성이 높아 방풍층, 방습층의 설치나 환기방법에는 배려가 필요한 단점이 있다.

라) 분사 공법

① 현장발포경질 우레탄폼을 분사하는 공법으로 각 성능은 보드형 단열재와 거의 같다.

② 특성

a. 복잡한 형상의 부위에도 이음매 없이 단열층을 설치할 수 있다.

b. 실링재처럼 신축성, 거동추종성이 결여되므로 기밀재로서보다는 단열보강재로 생각하는 쪽이 좋다.

다. 시공

1) 시공 일반

가) 시공 계획

① 단열공사 시공에 앞서 단열재료, 시공법, 시공도, 공정계획 등에 대하여 감독자의 승인을 받는다.

② 단열재료 및 단열공법의 종류에 따른 보조 단열재 및 설치재료, 공구 등을 준비한다.

나) 단열재의 설치

① 단열 시공바탕은 단열재 또는 방습제 설치에 지장이 없도록 못, 철선, 모르터 등의 돌출물을 제거하여 평탄하게 정리, 청소한다.

② 단열재를 겹쳐서 사용하고 각 단열재를 이을 필요가 있는 경우, 그 이음새가 서로 어긋나는 위치에 오도록 하여야 한다.

③ 단열재를 접착재로 바탕에 붙이고자 할 때에는 바탕면을 평탄하게 한 후 밀착하여 시공하되 초기 박리를 방지하기 위하여 완전히 접착될 때까지 압착상태를 유지하도록 하거나, 초기 접착 후 30분 이내에 재압착한다.

④ 단열재의 이음부는 틈새가 생기지 않도록 접착제, 테이프 또는 특기시방에 따라 접합하며, 부득이 단열재를 설치할 수 없는 부분에는 적절한 단열보강을 한다.

2) 콘크리트 바닥의 단열공사

가) 별도의 방습 또는 방수공사를 하지 않은 경우에는 콘크리트 슬래브 바탕면을 깨끗이 청소한 다음 방습필름을 깐다.

나) 방습층 위에 단열재를 틈새 없이 밀착시켜 설치하고 접합부는 내습성 테이프 등으로 접착, 고정한다.

다) 그 위에 도면 또는 특기시방에 따라 누름 콘크리트 또는 보호 모르터를 소정의 두께로 바르고 마감재료로 마감한다.

3) 마루바닥의 단열시공

가) 동바리가 있는 마루바닥에 단열시공을 할 때는 목공사에 따라 동바리와 마루틀을 짜세우고 장선 양측 및 중간의 멍에 위에 단열재 받침판을 못 박아 댄 다음 장선 사이에 단열

재를 틈새 없이 설치한다.

나) 단열재 위에 방습필름을 설치하고 마루판 등을 깔아 마감한다.

다) 콘크리트 슬래브 위의 마루바닥에 단열시공을 할 때는 목공사에 따라 설치한 장선 양측에 단열재 받침판을 대고 장선 사이에 단열재를 설치한 다음 그 위에 방습시공을 한다.

4) 벽돌조 중공 벽체의 단열공사

가) 중공벽에 비드법 스티로폼, 광석면 매트 또는 기타 보온판 등 판형 단열재를 설치하기 위해서 공간쌓기를 할 때는 벽돌공사에 따른다.

나) 벽체를 쌓을 때는 특히 단열재를 설치하는 면에 모르터가 흘러내리지 않도록 주의하고, 단열재 설치에 지장이 없도록 흐른 모르터를 쇠흙손질하여 평탄하게 한다.

다) 단열재는 내측 벽체에 밀착시켜 설치하되 단열재의 내측면에 도면 또는 특기 시방에 따라방습층을 두고 단열재와 외측 벽체 사이에 쐐기용 단열재를 600㎜ 이내의 간격으로 꼭 끼도록 박아 넣어 단열재가 움직이지 않도록 고정시킨다.

라) 중공벽에 우레탄폼 단열재를 충전할 때는 중공벽을 완전히 쌓되, 도면 또는 특기시방에 따라 방습층을 설치하고 직경 25~30㎜의 단열재 주입구를 줄눈 부위에 수평, 수직 1~1.5m 간격으로 설치한다.

마) 우레탄폼 단열재 주입 시 틈새로 누출되지 않도록 벽의 외측면을 마감하거나 줄눈에 틈이 없도록 하고 줄눈 모르터가 양생된 후, 아래서부터 주입구를 통해 압축기로 포말형 단열재를 주입한다.

바) 중공부에 단열재가 공극없이 충전되었는지의 검사는 다른 주입구에서의 충전 단열재의 유출 등으로 확인하며, 유출된 단열재는 하루 정도 경과한 다음 제거하고 주입구를 막아 마감한다.

사) 현장에서 분사 시공하는 우레탄폼 단열재는 감독자가 필요하다고 인정하여 지시할 때는 필요한 시료를 채취하고 소정의 시험을 하여 열전도율, 밀도 및 물리적 성질 등의 품질을 확인받아야 한다.

아) 충전된 단열재의 건조가 완료될 때까지(약 1~7일)는 3~4일간 충분한 환기를 시킨다.

5) 벽체 내벽면의 단열시공

가) 바탕벽에 목공사에 따라 스터드를 소정의 간격으로 설치하되 방습층을 두는 경우는 이를 벽 바탕면에 설치하는 것을 원칙으로 한다.

나) 단열재를 스터드 간격에 맞추어 정확히 재단하고 스터드 사이에 꼭 끼도록 설치하되 스터드의 춤은 수장재를 붙였을 때 단열재가 눌리지 않을 정도가 되도록 한다.

다) 광석면, 암면, 유리섬유 등 블랭킷(blanket)형의 단열재는 단열재가 눌리지 않도록 나무벽돌을 벽면에서 단열재 두께만큼 돌출하도록 설치하고 나무벽돌 주위의 단열재를 칼로 오려 단열재가 나무벽돌 주위에 꼭 맞도록 한 후 띠장을 설치한다.

라) 벽과 바닥의 접합부에 설치하는 단열재 사이에는 틈새가 생기지 않도록 하여야 한다.

6) 천장의 단열공사

가) 달대가 있는 반자틀에 판형 단열재를 설치할 때는 천장 마감재를 설치하면서 단열시공을 하되, 단열재는 반자틀에 꼭 끼도록 정확히 재단하여 설치한다.

나) 블랭킷형 단열재를 설치할 때는 천장바탕 또는 천장 마감재를 설치한 다음 단열재를 그 위에 틈 없이 펴서 간다. 이때 벽과 접하는 부분은 특히 틈새가 생기지 않도록 주의한다.

다) 포말형 단열재를 분사하여 시공할 때는 반자틀에 천장바탕 또는 천장 마감재를 설치한 다음 방습필름을 그 위에 설치하고 포말형 단열재를 분사기로 구석진 곳과 벽면과의 접합부 및 모서리 부분을 먼저 분사하고 먼 위치에서부터 점차 가까운 곳으로 이동 분사한다. 이때 단열재의 품질확인은 벽체의 단열공사에 따른다.

7) 방습재의 설치

가) 단열공사에 따른 방습시공이 요구되는 개소는 도면 또는 특기 시방에 정하되, 방습시공을 할 때는 단열재를 대기 전에 바탕면에 방습필름을 먼저 대고, 접착부는 50~150㎜ 이상 겹쳐 접착제 또는 내습성 테이프를 붙인다.

나) 방습 시공 시 방습필름에 찢김, 구멍 등의 하자가 생겼을 때는 하자 부위가 묻히기 전에 보수하고 담당원의 승인을 받은 후 다음 공정을 진행해야 한다.

8) 양생

공사완료된 단열층 및 방습층은 병행하는 공사와 기후 등에 손상되지 않도록 하고 부득이한 경우에는 노출부분은 보호막으로 덮어 보양한다. 또한, 화기나 화학물질에 의해 손상되지 않도록 한다.

9) 결로

가) 내부결로의 원인

내부결로는 실내의 수증기가 벽체 내에 침입하고 외기온의 영향으로 실내보다도 온도가 낮은 벽체 내에서 포화수중기압을 넘어 버리는 것에 의해 발생한다.

나) 내부결로의 대책

실내부터 벽체 내로의 수증기 침입을 방지하기 위해 방습층을 설치하거나, 침입한 수증기를 옥외로 배출한다.

① 충진 공법의 경우

a. 수증기의 침입방지

- 글래스울 등 투습저항이 작은 무기섬유계펠트형 단열재를 사용한 충진 공법에서는 단열재의 실내측에 연속해 극간 없이 방습층을 설치한다.

b. 만일 실수로 단열재의 옥외측에 설치한다면 보다 급격한 내부결로를 일으키게 되므로 주의해야 한다.

c. 침입한 수증기의 배출

- 방습층을 설치해도 수증기의 침입을 완전히 막는다는 것은 꽤 어렵다. 그래서 침입한 수증기를 어떻게 배출하는가가 문제가 된다.

- 최상층의 천정과 최하층의 바닥에서는 각각 다락환기, 바닥 아래환기가 중요한 역할을 한다.

- 외벽에서 유효한 방법의 하나가 통기층공법이다. 이 경우의 포인트는 외부에서 단열층으로 물의 침입을 막는 것인데, 단열재의 통기층측에 방풍층을 설치하는 것이 중요하다.

② 외장 공법의 경우

- 압출법, 비드법 스티로폼 보드형 단열재를 사용한 외장공법에서는 단열재 자체의 투습저항이 크므로 단열재 이음매부분을 기밀테이프나 실링재 등으로 충진하여 방습층을 구성할 수 있다.

8. 바닥 후로링 공사

가. 일반 사항

1) 적용 범위

바닥 후로링 설치 공사에 적용한다.

2) 현장 조건

가) 지붕 및 외부공사는 완전히 마감되어 누수가 발생하지 않아야 한다.

나) 벽체는 마감 공사는 끝나고 기 설치된 공사용 가설물은 완전히 철수하여 후로링 설치공사에 지장이 없어야 한다.

다) 바닥 미장공사는 공사개시 후 지장이 없도록 양생이 되어 있어야 한다.

라) 반입된 자재는 외부의 기온변화에 지장이 없도록 보관하여야 하며, 외부에 야적 시 누수가 발생치 않도록 포장을 하여야 한다.

마) 바닥 슬라브는 건조가 양호하고 심한 레벨 편차가 없어 하부 구조틀 설치에 적당해야 한다.

3) 설치 후 조치사항

후로링은 마감공사에 해당함으로 본 작업이 완결되었을 때에는 모든 공정이 마무리될 단계이다.

가) 천정 누수로 인한 후로링재의 손상이 없도록 점검을 확실히 한다.

나) 도장 작업 후 충분히 건조되기 전에 출입을 통제하여 먼지나 오물이 바닥 후로링에 떨어지지 않도록 해야 하며, 사용 전까지 보양을 철저히 하여 관리가 양호해야 한다. 하부 구조틀의 변형을 최대한 방지하며, 우기에는 적절한 환기 조치를 한다.

다) 장기간 사용으로 마감도료 및 후로링재의 표면은 마찰계수가 규정치에 못 미칠 경우 재벌칠 처리를 한다.

4) 재료

가) 상부 구조재

후로링재의 함수율은 8% 이내의 것을 사용한다.

나) 하부 구조재

① 합판

충분한 강도와 탄성을 지니며, 장기간 사용으로 인한 변형에 내구력을 지닌 규격품으로 보통 KS 내수합판을 사용하며 규격은 상부에 상, 하중 및 하부 구조재의 설치 간격에 따라 정한다.

② 장선목

후로링이 고정되는 하부 구조재의 중요한 부재로서 충분한 건조로 함수율이 18% 이하의 미송 반무적을 보통 사용하며, 충분한 탄성과 강도를 지니고 장기간 사용으로 생기는 변형을 방지 하기 위해 방부처리를 하고 건조와 가공에 따른 수축을 고려하여 여유치를 계산한다.

③ 멍에목

장선목 하부에서 직각방향으로 설치되며, 하부의 방진 고무에 하중을 전달하는 구조재로서 재료의 품질 및 등급 상태는 장선목과 동일하다.

④ 동바리

무대에서처럼 바닥 슬라브에서 마감재까지 시공 높이가 클 경우에 받침목 대용으로 사용하는 부재로서 벽돌조직, 콘크리트 또는 목재를 사용하며 조적이나 콘크리트로 할 경우 잘 양생이 되고 내구력이 있어 상부 멍에목이나 방진고무와 연결작업 시 균열 및 하자가 발생치 않도록 강도가 있어야 한다. 목재로 사용 시는 받침목에 준하는 품질 및 등급을 필요로 한다.

⑤ 방진 고무

상부마감 후로링재의 선택에 따라 여러 종류가 있으며, 특히 무대용의 방진패드는 장기간 사용 시에도 충분한 기능을 만족시키는 제품을 사용한다.

다) 기타

① 단열재

스티로폴(비중 0.016, T50)이나 Glass Wool(40K, T50)을 보통 사용하며, 슬라브 하부면에서

오는 습기를 차단시켜 주어 하부 구조틀재의 변형을 방지하고 상부 후로링에서의 충격음을 하부구조에 전달할 때 완충역활을 하는 것으로 직접 구조재는 아닌 보완재로서 선택적으로 사용한다.

② 철물

후로링과 상부마감 후로링재를 하부 장선목이나 합판에 연결시키는 철물을 규격품을 사용하며, 45° 각도로 충분히 박히는 데 적당한 크기를 갖추어야 한다.

③ 접착제

후로링과 합판의 접촉 부위에 사용되는 제품으로 접착 시 충분한 접착력과 내구력을 지녀야 한다.

④ 도료

사용목적에 따라 도장방법 및 횟수를 정하는데 샌딩 후 진공 청소기로 후로링면을 깨끗이 청소한 후 무광 우레탄 바니스를 4회 이상 도포한다. 이때 미끄러움이나 빛의 반사가 과다하지 않도록 한다.

나. 시공

1) 후로링

숨은 못질하여 길이 방향으로 설치해 나가는데 하부면에는 접착제를 도포하여 합판과 견고하게 접착시킨다.

※ 못 박는 위치는 후로링의 날개 부분에 30㎝ 간격으로 F-50 타카 또는 묻은못 30㎜로 보이지 않게 박는다.

이때 후로링의 수축공간을 0.3㎜ 정도의 간극을 주어 시공하고 못의 각도는 후로링의 반대방향으로 30도 정도 각도를 주어 박는다.

2) 내수 합판

합판의 가장자리는 항상 장선목의 중앙에서 서로 연결되도록 장선목의 간격에 따라 합판의 규격을 정하며, 합판 상부에서 장선목까지 수직으로 못이 충분히 박히도록 못질한다. 합판의 배열을 서로 엇 배열하여 구조적으로 안정을 갖도록 한다.

3) 장선목

후로링 길이방향과 직각방향으로 설치, 상부의 합판과 멍에목과 연결되며, 정확한 수평작업이 가능하도록 휘거나 변형된 자재는 사용해서는 안 되며, 각 부재의 연결부위를 견고하게 고정 서로 엇갈림 배치를 원칙으로 한다.

4) 멍에목

장선목 하부에 직각방향으로 설치하고 하부에 방진고무를 설치, 상부의 하중을 하부에 전달하는 중요 구조재로서 마감높이가 클 경우 동바리를 설치하기에 적당하도록 알맞은 크기의 부재를 사용하며, 방부처리 및 대패질 마감을 원칙으로 한다.

5) 방진 고무

멍에목과 동바리 또는 슬라브가 만나는 각 지점마다 설치하고, 상부하중이 기능에 따라 알맞은 제품을 사용한다.

6) 동바리

멍에목과 일정한 간격으로 만나도록 설치하며, 상부하중 및 멍에목 크기에 따라 설치간격을 정한다.
- 멍에각재가 38*89인 경우 동바리 간격은 900㎜ 이내 간격으로 하고 30*60 각재는 600㎜ 이내 30*45 각재는 450㎜ 이내로 한다.

다. 시공순서

1) 바닥 높이가 100㎜인 경우

　　가) 38*89 구조재를 300㎜ 간격으로 격자 틀을 짠다.

　　나) 이때 서로 이동이 되지 않게 바닥에 900㎜ 간격으로 바닥에 앙카볼트로 고정시킨다.

　　다) 앙카 고정과 병행하여 하부에 쐐기를 고정시켜 평행하게 수평을 맞춘다.

　　라) 사춤몰탈을 구조재 주위에 충진한다.

　　마) 8.5㎜ 합판 1장을 구조재에 못질한다.

　　바) 8.5㎜ 합판 1장을 합판 위에 본드와 못으로 고정시킨다. 이때 합판은 서로 엇갈리게 고정시킨다.

　　사) 도면에 표시된 기준점을 기준으로 합판 위에 먹줄을 넣은 후 감독원의 확인을 득한 후 깔아야 한다.

　　아) 마루널을 본드로 접착시킨다.

　　자) 마루널을 깔 때 주위 마루널과 색상 나무결이 현저히 차이가 나는 마루널은 시공해서는 안 된다.

　　차) 주위 마루널이 서로 차이가 나지 않도록 대패질하여 높낮이를 고르게 맞춘다.

2) 바닥 높이가 100㎜ 이상인 경우

　　가) 89*89 방부목 동바리를 세운다.

　　나) 동바리 밑둥잡이로 동바리가 움직이지 않게 서로 고정시킨다.

　　다) 38*89 구조목 멍에를 900㎜ 간격으로 동바리에 고정시킨다.

　　라) 38*89 구조목 장선틀을 300~400㎜ 간격으로 격자틀을 짜 동바리에 고정시킨다.

　　마) 8.5㎜ 합판 1장을 장선에 고정시킨다.

　　바) 8.5㎜ 합판 1장을 본드와 못으로 고정시킨다. 이때 합판은 서로 엇갈리게 고정시킨다.

　　사) 도면에 표기된 기준점을 기준으로 합판 위에 먹줄을 넣은 후 감독원의 확인을 득한 후 깔아야 한다.

　　아) 마루널을 본드로 접착시켜 나간다.

　　자) 주위의 마루널이 서로 차이가 나지 않도록 대패질하여 높낮이를 고르게 맞춘다.

라. 시공 전 바닥 상태 점검

1) 바닥은 깨끗하고 건조해야 하며(최대 수분 함수량 2%), 1m당 3㎜ 이하의 수평편차는 허용되나, 이를 초과할 경우 셀프 레벨링 작업을 하여 평평하게 하여야 한다.

2) 마루를 바닥에 시공하기 전에 1㎜의 방수시트를 깔고(바닥의 수분이 올라오는 것을 방지), 그 위에 2㎜ 정도의 폼지를 깔아 바닥탄력성을 증가시키고, 또한 수분을 완전히 차단한다.

3) 비닐과 폼지는 벽 끝에 약간 올라오도록 하고 다른 쪽과 만나는 부분은 20~30㎝가 겹쳐지도록 한다. 이때 겹쳐지는 부분 전체를 테이프로 붙여 고정시켜 겹쳐진 부분으로 수분이 올라오는 것을 방지한다.

4) 마루판넬의 홈이 파인 부분이 벽면을 향하게 두고, 벽과 마루판넬 사이에 10㎜ 두께의 쐐기를 사용해 벽과의 간격을 두어야 한다.
(통상적으로 8㎜의 간격을 두며 현장의 길이가 5m 이상일 경우 1m당 약 1.5㎜의 간격을 추가로 더 두는 것이 좋다.)

5) 첫 번째 시공한 줄에서 가장 마지막 부분에 사용되는 마루패널의 잘라 남은 부분을 두 번째 줄의 처음에 사용한다(그 부분은 적어도 400㎜가 되어야 한다).

6) 본드로 마루패널을 고정시키기 전에 2~3줄을 우선 바닥에 놓아 본 후 바르게 잘 맞는지 확인한 후 목재전용 본드를 사용해 고정시킨다.

7) 목재전용 본드의 상부모서리를 비스듬히 자른다. 목재전용 본드를 마루판넬의 들어간 부분에 바른 후, 나온 부분을 끼워 두 장의 마루판넬을 고정시킨다.

8) 처음 두 줄이 완전히 굳도록 한두 시간 정도 후에 계속 마루를 끼워 나간다. 마루 틈새로 나오는 본드는 걸레로 즉시 닦아 내고 굳은 본드는 긁어 내면 떨어진다.

9) 패널을 끼울 때 처음엔 가로 방향으로 힘을 주어 누르듯이 끼운다. 막약에 필요하다면 고무망치를 사용해 두 판이 완전히 꼭 맞도록 한다.

10) 마지막 줄은 그 전 줄 위에 패널의 나온 부분이 벽을 향하게 올려놓은 후, 간격을 맞추어 표시하고 패널의 나온 부분면이 잘려지도록 자른다.

11) 마지막 패널은 폭이 50㎜보다 짧아선 안 된다.

12) 문틀 시공의 경우 문틀의 아래끝을 잘라 마루패널을 문틀 아래로 끼워 넣는다. 이때에도 벽

과 벽과 마루패널 사이의 간격은 유지해야만 한다.

13) 파이프 위에 시공할 경우 드릴로 구멍을 뚫고 톱이나 직소기를 이용해 자른 후 시공한다.

14) 걸레받이 시공 시, 마루시공 종료 시점에서 12시간이 지난 뒤에 쐐기제거 후 시공하는 것이 좋다.

9. 강화마루시공

가. 강화마루 개요

- 삭편판이나 섬유판을 바탕재로 사용한 마루로, 내마모도·내구성·내오염성이 강하고 유지 관리가 편리하나, 모양지의 한계와 표면의 멜라닌 라미네이팅 등으로 목재의 질감이 다소 떨어진다.

- 상부의 라미네이트층과 중간의 바탕재층 및 밑바닥에서부터의 습기를 차단하기 위한 하층부로 구성되어 있다. 라미네이트 마루 또는 복합재마루라고도 한다.

- 목재에서 섬유질을 분리 채취하여 방수수지를 첨가한 뒤 고온·고압으로 압축성형시킨 HDF(high-density fiberboard)를 바탕재로 하고 표면은 HPL(high-pressure laminate) 또는 LPL(law-pressure laminate)로 강화 처리한 제품이다. 표면을 라미네이팅 코팅 처리하여 내마모도·내구성·내오염성이 강하고 유지 관리가 편리한 것이 특징이다.

- 박판상(薄板狀)이지만 표면이 강화되고 복합재 구조로 되어 있어 현가식 시공법이 사용된다. 현가식 시공법은 마루와 마루 사이의 홈에 접착제를 칠하여 결합하는 방식으로 시공이 간단하고 공사기간이 짧을 뿐 아니라 차음성(遮音性)과 보행성이 좋다.

- 강화마루는 모양지(decorative paper)의 종류에 따라 색상이나 디자인을 다양하게 꾸밀 수 있다. 그러나 모양지의 한계와 표면의 멜라닌 라미네이팅 등으로 목재의 질감이 원목마루나 합판마루에 견주어 다소 떨어진다.

나. 시멘트 바탕면 정리

바탕정리는 마루뿐만 아니라 미장 타일 도장 등 콘크리트 표면에 마감재를 시공하는 공사에는 필수적이다. 모든 마감재시공의 하자원인은 가장 기초적인 바탕정리에서 비롯된다. 요철부분을 깎아내거나 덧발라 평활하게 하고 먼지나 습기를 제거하고 청소를 깨끗이 한다. 시공할 바닥면이 견고하지 못하거나 시공할 마감높이가 맞지 않을 경우 셀프레벨링재로 평활하게 미장한 후 완전 건조 후에 시공하기도 한다.

다. 강화마루 시방서

1) 일반사항

　가) 적용범위

본 시방서는 치장 목질 강화 마루판 깔기 공사에 필요한 부위에 적용하는 강화마루 바닥 마감공사에 대한 시공 방법과 품질에 관하여 규정한다.

　나) 표준규격

① KS F3125 한국산업규격

② KC 인증 국가통합인증

　다) 운반 보관 및 취급

- 자재는 포장된 상태로 현장에 반입하고 청결하고 통풍이 잘 되는 장소에 수평으로 눕혀서 보관하여야 한다.

2) 환경 요구사항

　가) 시공 현장은 시공하기에 적절한 조명이 설치되어야 한다.

　나) 바닥 마감공사는 벽재, 천정재, 창호재 등 기타 마감공사가 완료된 후 최종적으로 실시하여야 한다.

　다) 마루는 시공 24시간 전에 시공 장소에 보관하고 시공 전 24시간부터 상온 15℃ 이상을 유지한다. 겨울철 시공 시 바닥 온도는 5℃ 이상 습도는 75% 이하를 유지한다. 시공 현장은 적절한 환기가 가능하도록 유지한다.

3) 유지보수

시공된 치장 목질 강화 마루판의 손상 부분은 동일 LOT로 재시공하며 왁스 및 니스 등의 표면 코팅재 사용은 절대 금한다.

라. 제품

1) 자재 일반사항

물성 규격은 KS F3126의 시험항목에 합격한 것을 기준으로 한다.

2) 자재 사양 및 물성사항

시험항목	강화마루(S)	시험방법
휨강도	40N/㎡ 이상	
습윤시 휨강도	22N/㎡ 이상	
내마모성	1.0N/㎡ 이상	
흡수두께 팽창률	3,000회전 이상	
치수변화율	길이 0.2% 이하 두께 0.15% 이하	
내충격성	방사상의 균열 파괴 치장재의 박리가 생기지 않을 것	
내긁힘성	스크레치 경도 4N 이상	KS F 3126 치장목질 마루판
내오염성	시험편의 표면에 색이 남아 있지 않을 것	
흡수두께 팽창률	3% 이하	
내시가레트성	3등급 이상	
내퇴색성	겉모양: 표면의 갈라짐, 부풀 등의 현상이 없어야 한다. 색상: 색차 3.0 이하	
프롬알데히드 방사량	평균1.5mg/1, 최대 2.0mg 이하	
환경인증	HB 마크 인증	

마. 시공

1) 시공순서

   가) 시공할 바닥면 정리

   나) 제품확인 및 준비

   다) 기준선 먹매김

라) 기준선 예비조립

마) 제품시공

바) 보양 및 양생

사) 환기

아) 현장정리 청소

2) 시공 시 주의사항

가) 시공환경: 현장온도 상온 15℃ 이상 바닥온도 5℃ 이상이어야 하며 상대습도는 75% 이하를 유지해야 한다.

나) 바닥상태: 바닥함수율은 5% 이하여야 하며 시공바닥의 먼지 콘크리트 모래 등은 추후 하자 원인이 되므로 사전에 깨끗이 제거해야 한다. 기존 바닥재 및 접착제는 반드시 제거해야 한다.

다) 바닥수평: 바닥의 수평상태를 수평자 또는 직각자로 측정 바닥 평활도가 2㎜/1m 이하인 상태에서 시공되어야 한다. 기준 초과 시 파여진 부분은 셀프레벨링재나 석고퍼티로 보정하고 튀어나온 부분은 그라인더로 절삭하여 반드시 평활도를 유.지한 다음 시공하여야 한다.

※ 평활도 미확보 시 단차 틈 벌어짐, 소음 유발, 보행감 저하 등을 유발할 수 있다.

라) 확장형 프로파일 사용: 병목 현상이 있는 경우 방과 거실 사이 시공 바닥면적이 10m*10m 이상인 경우는 반드시 확장형 프로파일을 사용한다.

마) 방수비닐시공: 바닥 난방여부 및 구축, 신축건물에 상관없이 모든 바닥에는 반드시 방수비닐을 시공하여 바닥면으로부터의 습기 수분 침투를 차단해야 한다. 방수비닐은 매 칸마다 30㎝ 이상 겹치도록 시공해야 한다.

바) PE폼시공: PE폼은 하지면의 평활도 차음성 개선 보행감 향상으로 시공하며 방수비닐의 도포 방향과는 직각으로 되지 않게 시공되어야 한다.

사) 이격거리 확보: 벽 문지방 각종 프로파일 등으로부터 12㎜의 이격거리를 유지한 상태에서 시공한다.

아) 기준선시공 원칙: 매 열간 결합면 사이 거리는 25㎝ 이상을 유지하며 매 열의 첫 번째 마루판의 길이도 25㎝ 이상을 유지해야 한다. 첫열과 마지막 열의 마루폭이 최소 4㎝ 이상이 되도록 해야 한다.

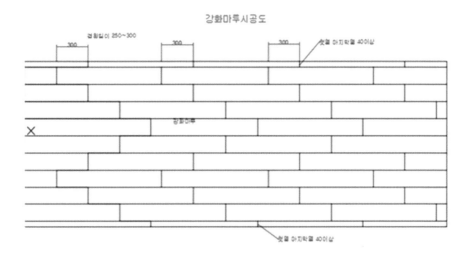

자) 자재 입고 보관: 자재는 반드시 24시간 전에 시공할 장소에 입고시키며 보관 시 수평바닥에 적재하여 제품 변형을 방지한다.

차) 자재확인 및 보관현장에 소요되는 마루는 사전에 시공장소에 반입하고 포장상태 이상유무를 확인하여 손상된 제품은 반출한다. 최소 24시간 전에 제품을 현장에 투입하여 습도 온도 등 현장환경에 충분히 적응시키고 사전에 보양재를 준비하여 시공 후 반드시 보양 작업을 실시한다.

바. 시공방법

1) 방수비닐시공

가) 항상 하부 바닥면에 방수비닐을 깐다.

나) 방수비닐 도포 시 매 칸마다 30㎝ 이상 겹치도록 시공하며 벽으로부터 4㎝ 정도 올라오게 도포한 후 걸레받이 시공 전 올라온 부분을 칼로 제거한다.

다) 시공 중 방수비닐이 찢기지 않도록 주의하며 찢긴 부분은 OPP테이프로 완전히 붙인다.

2) PE폼시공

가) 방수비닐의 도포방향과 직각방향으로 깐다.

나) PE폼시공 시 매 칸끼리 OPP 테이프로 겹치지 않게 접착한다.

다) 시공 중 방수비닐이 찢기지 않도록 주의하며 찢긴 부분은 OPP 테이프로 완전히 붙인다.

3) 마루시공

가) 첫 번째 열 사용할 제품의 혀부분을 톱으로 제거한 후 마루의 첫 번째 열의 짧은쪽의 홈 부분과 혀 부분이 제거된 긴쪽이 벽을 향하게 되도록 시공한다. 시공방향은 시공장소의 왼쪽부터 오른쪽 방향으로 시공하며 간격유지를 사용하여 12㎜를 반드시 띄운다.

나) 마루간 결합방법

① 열간결합

- 결합할 마루를 첫 번째 열의 앞에서 밀어 넣는다.

- 마루를 위로 들어 15~25° 정도 기울여서 결합이 되도록 한다.

- 마루가 밑으로 처지면 마루를 밀면서 눌러 결합시킨다.

② 길이방향

- 이전에 결합된 마루쪽과 간격을 최대로 가깝게 위치시킨다.

- 각쪽들은 해머블록을 사용하여 서로 수평으로 밀어서 결합시킨다.

③ 마루 해체방법

- 결합방향의 직각방향으로 밀어서 분리시킨다.

- 결합한 방향으로 분리 시는 혀 부분이 파손된다.

다) 매 열간 쪽방향의 이음매 간격은 반드시 25㎝ 이상을 유지하여 시공한다.

라) 매 열의 마지막 장 크기를 측정 후 직각자를 사용하여 재단할 부분을 표시하고 표시 부분을 재단한다. 이때 벽과의 간격은 12㎜를 유지한다.

마) 마지막 장은 시공 공구를 사용하여 주의하여 결합시킨 후 간격유지기로 고정한다.

바) 첫 열과 마지막 열의 마루의 폭이 최소 4㎝ 이상이 되도록 한다.

사) 마루시공이 끝난 다음 15㎜ 이상의 걸레받이를 시공하여 마감한다.

4) 문틀 재단방법

　가) PE폼과 PE비닐을 아래에 깔고 마루조각의 표면이 아래로 향하게 하여 문틀에 대어 놓은 후 마루조각의 위선을 따라 문틀을 절단한다.

　나) 문틀 밑으로 마루를 끼워 넣은 경우도 벽과의 12㎜를 이격을 감안하여 시공한다.

5) 파이프를 위한 구멍 만드는 법

　가) 파이프가 움직일 수 있도록 파이프보다 직경이 10㎜ 이상 큰 둥근 홈을 만들어 준다.

　나) 홈을 만들 부분을 표시한 후 드릴로 구멍을 뚫은 후 45도 각도로 재단한다.

　다) 잘라낸 조각은 다시 접착제를 사용하여 결합한다.

사. 현장 품질관리

1) 시공상태 검사

2) 마루의 방향 접합부분 및 맞춤새 검사

3) 들뜸 또는 틈새 벌어짐 검사

4) 벽면 마무리 상태 검사

아. 완성품 관리

1) 강화마루의 심재는 HDF로 자체적으로 습기를 흡수 방출하므로 실내조건을 주기적으로 환기와 통풍을 하여 상대습도 50~65% 이하를 유지할 수 있도록 관리한다.

2) 현관 입구에는 도어매트 또는 러그 등을 깔아 모래, 흙 등의 이물질 유입을 막는다.

3) 마루판 청소 시 먼지나 오물 등은 진공청소기로 제거한 다음 마른걸레나 꽉 짠 물걸레로 닦으며 스팀 청소기는 피한다.

4) 액체를 엎지르거나 젖은 부분을 오랫동안 방치하면 하자의 원인이 될 수 있으므로 스며들기 전에 닦는다.

5) 사용 시 제품 표면에 왁스 및 니스의 도포를 금한다.

6) 시공완료 후 제품 보호를 위해 반드시 보양재를 시공하고 겹쳐지는 부분을 테이프로 처리하

여 보행 시 밀리지 않도록 고정한다.

7) 물이 샐 수 있는 화분은 강화마루 위에 놓아서는 안 되며 부득이 놓아야 할 경우 반드시 받침 대를 사용한다.

8) 카펫(Rug) 사용 시 정기적으로 들어 하부를 환기시켜 국부적인 잠열 효과에 의한 제품 변형 을 예방할 수 있다.

9) 화장실 입구 씽크대 주변 습기에 노출되기 쉬운 부분은 방습매트를 사용하고 정기적으로 매 트를 들어 환기시킨다.

10) 바퀴가 달린 가구를 지속적으로 사용할 경우 강화마루 표면에 투명 보호매트를 깔고 사용 하는 것을 권장한다.

11) 애완 동물을 키울 경우 애완동물의 배설물에 의한 제품 변형이 발생되지 않도록 오염 즉시 오염물을 제거한다.

자. 바닥재 시공 시 안전수칙

1) 안전수칙

가) 물, 기름, 모래 등은 미끄러짐을 유발할 수 있으므로 즉시 제거해 주십시오.
임산부는 양말을 신은 상태나 젖은 발의 경우 유의하여 주십시오. 또한 광택제로 바닥을 닦 을 경우 미끄러짐을 유발하오니 사용을 금하여 주십시오.

나) 제품 시공 시 시공도구와 제품의 날카로운 면에 의한 상처를 입을 수 있습니다. 제품 시 공 시에는 시공용 장갑을 착용하고 시공하여 주십시오.

다) 제품은 평평한 곳에 보관하시고 14단 이상의 적재는 제품의 손상뿐 아니라 부상 및 기물 파손으로 이어질 수 있습니다.

라) 본 제품은 무거운 제품으로 인력 운반 시 위험이 있습니다. 취급에 주의하여 주십시오.

마) 제품의 표면에 물, 기름 등 이물질이 있을 경우 미끄러져 다칠 수 있으므로 즉시 제거하 여 주십시오.

바) 시공 후 2~3일 동안 충분히 환기를 하여 주십시오. 본제품은 바닥재 용도로만 사용하여 주십시오.

차. 마루판 및 부자재

1) 마루판

　가) HDF강화마루판

2) 부자재

　가) 프로파일

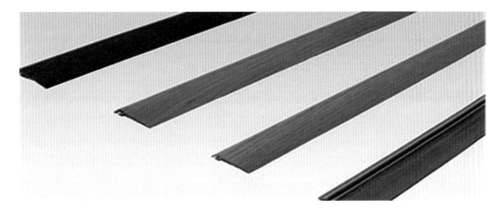

나) PE폼

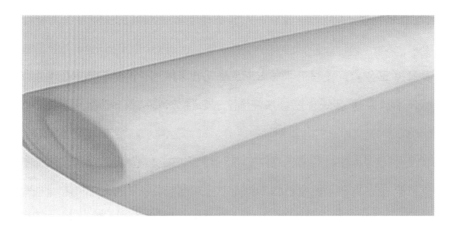

10. 섬유강화 시멘트 사이딩(최신제품) 시공법

가. 프리미엄 아이큐브사이딩 및 시멘트 사이딩 건축물 외장재 시공

1) 공사협의 및 품질

표준 하도급 계약서와 설계도서(도면 시방서) 및 현장 설명서 등이 서로 상이하여 문제점이 발생한 경우는 감리자 감독관 및 현장대리인이 서로 협의하여 진행하여야 한다. 제품의 품질은 규정된 요구성능을 발휘하기 위한 2장에 명기된 섬유강화 치장 시멘트패널 아이큐브 동등 이상의 제품을 사용하여야 한다.

2) 시공도면 및 공정표

　가) 시공 상세도면은 설계도서를 따르나 변경사항이 필요한 경우 건축도면과 현장 여건을 고려하여 시공자가 공사 착공 전에 제출하여 감독관의 승인을 받은 후 제출하여야 한다.

　나) 공기 내 공사 완료를 위한 공정표는 시공자가 공사 착공 전에 제출하여 감독관의 승인을 받은 후 시행한다.

3) 재료

　가) 적용범위

본 시방서는 공사에 사용되는 패널의 제원 물성 등의 요구조건을 규정하며 공사범위는 해당

패널공사에 대해 사용자 또는 시공자측이 정식으로 인계한 도면과 패널공사와 관련된 기타 사항이 표기된 계약 내역서에 대해 적용한다.

나) 재료명

섬유강화 시멘트패널 아이큐브

다) 패널의 제원

용도	건축 내 외장
패널형태	시멘트에 목재칩(Wood fiber)을 혼입하여 오토클레이브로 양생한 패널로 상하 겹침부에 충격흡수 및 누수를 위한 완충 처리된 제품
관련기준	JIS A5422 요업계 사이딩
폭(mm)	455mm
길이(mm)	3030mm
두께(mm)	16mm
텍스쳐	I-cube Premium
표면처리	마이크로가드(친수셀프크리닝) 하이퍼 코팅(자외선, 균열에 의한 변색 및 변형 방지)

※ 제품 텍스쳐는 견본을 제출하여 감독관의 승인을 받는다.

시멘트 사이딩 랩

시멘트 사이딩 아이엠

시멘트 사이딩

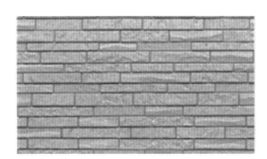

프리미엄 아이큐브 시멘트 사이딩

라) 패널의 물성표

시험항목	기준값
두께(㎜)	1.59㎜ 이상
휨강도(N/㎟)	9.9 이상
흡수율(%)	15% 이하
부피비중	1.2 이상
투수성	이상이 없어야 한다.
흡수에 대한 길이 변화율(%)	0.1% 이하

마) 패널부자재

패널 표준시공 부자재는 도면에 표기된 형상과 규격에 준하는 제품을 사용한다.

4) 시공방법

가) 일반사항

섬유강화 치장 시멘트패널 아이큐브시공은 본시방서 및 설계도서상의 상세도에 준하여 시공한다.

나) 시공에 사용되는 모든 자재는 파손 또는 표면에 흠집이 생기지 않도록 취급에 주의하여야 하며 외부에 노출되는 마감용 부자재는 정품을 사용하지 않는 경우 부식에 강한 재질을 선택해야 한다.

다) 자재 현장 입고 후 설치 전까지 반드시 비닐 포장 상태를 유지하고 덮개를 씌워 우천 시 습기에 노출되지 않도록 해야 한다.

5) 하지철물 설치

가) 하지철물 설치 전 설계도서를 숙지하고 정확한 측량을 실시하여야 한다.

나) 하지철물을 벽체에 고정하기 위한 브라켓은 수평 수직을 준수하여 설치되어야 하며 패널 설치 시 건축구조물과 견고하게 고정되도록 한다.

다) 섬유강화 치장 시멘트패널을 설치하기 위한 하지프레임은 아연도각관 혹은 스틸각파이프 등의 금속재료를 사용하여야 하나 감독관의 승인이 있은 후 목재를 사용할 수도 있다. 금속재는 50*50*1.6t를 사용하고 목재는 2*2(38*38) 이상을 사용한다. 하지 간격은 450㎜ 이내로 하되 현장여건에 따라 조정 가능하나 하지에 패널을 바로 접합할 경우 패널 접합부와 코너는 이중으로 설치한다.

라) 현장 여건에 따라 내수합판 또는 OSB를 부착하고 투습방습지 혹은 방수시트를 설치하고 레인스크린을 설치하고 패널을 부착할 수도 있다.

마) 각종 부자재는 규격과 품질에 이상이 없어야 한다.

6) 패널시공

가) 최하단부는 각방향 수평으로 기준먹을 놓고 먹줄에 따라 메탈클립을 하지에 스크류로 고정하고 그 위에 시멘트 패널을 순차적으로 시공한다. 메탈클립은 패널에 단단히 고정되어야 하며 유격이 발생할 경우 흔들림에 의한 패널의 이탈이 우려되므로 주의한다.

나) 패널과 패널의 좌우 이격 부위에는 전용 조이너 혹은 스페이서를 사용하고 실리콘 마감하며 간격은 10㎜ 이내로 한다.

다) 패널의 뒷면은 공기유통을 위한 20㎜ 이상의 공간을 확보해야 하나 현장 여건에 따른다.

라) 최상부 파라펫, 창호 프레임, 코너 기타 개구부 등은 필요 시 별도로 구조물을 보강하여 전용몰딩 혹은 전용후레싱을 사용하여 보강한다.

마) 패널 최상단 개구부의 하단부는 메탈클립을 사용할 수 없으므로 두께 5㎜의 스페이서를 하지 바탕과 패널 사이에 부착하여 클립 시공부와 두께 차이를 상쇄시킨 후 스크류를 사용하여 고정한다. 이때 스크류는 패널 파손 방지를 위하여 단부에서 20~30㎜를 유지하여 스크류를 시공한다.

바) 스크류 시공은 먼저 드릴로 구멍을 뚫은 다음 레일건으로 못을 박든가 스크류를 박고 실링재로 표면 처리하거나 퍼티작업 후 페인트로 스크류 자국을 없앤다.

7) 공통사항

가) 자재반입 및 검수

- 사전 협의 후 시공순서에 의한 주 부자재 반입

- 반입된 자재는 감독관에게 검수요청하여 감독관은 요청 후 즉시 검수한다.

- 검수된 자재는 공사 위치로 옮기고 시공이 용이하도록 정리 보관한다.

나) 안전관리

- 설치작업 전 안전규칙에 적합하도록 보호조치한다.

- 작업자에게 안전관리 교육을 실시하고 기본적인 안전보호 장비를 지급하여 항상 휴대 사용 하도록 한다.

- 기타사항은 현장 안전관리 기준을 준수한다.

8) 자재관리

가) 운반

- 자재의 손상을 방지하고 하차 시 지게차의 작업이 용이하도록 운반하는 자재의 하부에 파렛트를 사용한다.

- 운반자재는 견고하게 묶어서 운반 도중 발생될 수 있는 파손이나 전도를 방지한다.

나) 하차

자재를 하차하는 방법은 각 현장 조건에 맞추어 시행하되 장비를 사용하여 하차하도록 한다.

다) 보관

- 현장에 반입된 자재는 시공이 용이하도록 작업장 근처에 적재하며 패널이 휘는 등 변형을 방지하기 위하여 고임목을 사용하여 수평이 되도록 보관한다.

- 현장 내 적재한 자재는 보호조치를 충분히 하여 외부 충격 혹은 이물질에 의한 오염 및 손상이 발생하지 않도록 한다.

11. 공사계약서 작성 및 첨부서류

가. 계약서란

1) 건축주와 시공자 쌍방의 서로에 대한 권리와 의무에 대한 약속이 성립되었음을 증명하는 문서로서 모든 업무의 이해관계나 약속 등에 계약서와 관련된 문서가 첨부되어야 한다.

2) 계약서 내용에 따라 공사 완료 및 인계까지 또는 유지관리까지 계약내용에 포함되어야 한다. 계약이 이루어지면 계약 당사자들은 각 조항의 내용을 성실히 이행하여야 하는 의무를 가진다.

3) 계약서가 정확하게 작성되어야 사후에 분쟁이 발생하지 않는다.

※ 공사계약서 잘못 쓰면 덤터기 쓴다. 공사계약서는 기본적으로 발주자가 작성하고 시공자(수급자)는 발주자(도급자)의 요구대로 계약을 하고 첨부서류 역시 발주자의 요구대로 서류를 갖추어 계약하는 것이다.

※ 발주자가 주인이고 주인의 요구대로 집을 지어 주는 것이다.

※ 관급공사는 청렴계약서라 하여 발주청에서 작성해 놓은 서식에 따라 발주청의 요구대로 첨부서류를 갖추어 공사계약을 하고 시공을 하는 것이다.

※ 대부분의 건축주들이 시공업체의 요구대로 공사계약서를 잘못 쓰는 바람에 사기 당하고 가슴앓이, 즉 속병의 근원이 되고 공사 업자들은 80% 공정에서 공사 중단하고 갑질이 시작된다.

나. 공사 계약서 주요 명기 사항

1) 계약서에 필수적으로 기재되어야 할 사항을 알아보기로 한다.

가) 도급인과 수급인

나) 건축물의 위치와 규모

다) 건축물의 공사기간

라) 공사금액과 대금 지불방법

마) 안전사고 방지이행에 대한 조치 및 책임관계

바) 계약 및 하자담보 이행에 대한 책임관계

사) 계약 당사자간 직인 날인 및 계약일자

다. 공사 계약서 첨부서류

1) 설계도서(도면, 내역서, 시방서)

2) 단독주택은 기본 내역서가 없으므로 시공자의 상세견적내역과 시공자가 국토부 표준시방서를 근거하여 작성한 시공방법, 즉 시방서를 준비한다.

3) 계약이행 보증증권(서울보증) 공사금액의 1~2%

4) 하자이행 보증증권이나 이행각서(서울보증) 공사금액의 1~2%

5) 사업자등록증 사본

6) 건설업 등록증 사본 및 수첩

7) 사용 인감계 및 인감

8) 법인 등기부등본

9) 안전관리 수칙 산업안전 보건법을 적용한 시공자가 작성한 현장수칙

※ 위 사항은 관급공사를 기준으로 한 것이며 관급공사는 100만 원짜리도 위와 같은 서류를 첨부하는데 건축주가 이 같은 기준을 제시하면 공사 금액이 적은데 누가 하냐고 하면 타 업자를 선택하면 된다.

※ 개인공사의 경우 계약이행 보증은 공사금액의 10%까지도 할 수 있다. 계약이행 완료 후 발주자로부터 확인서를 받아 가면 보증보험에서 환급을 받으므로 공사업자는 손해 보는 것이 아니다. 이와 같은 공사계약서 작성을 거부하는 공사업자는 사절해야 한다.

※ 시방서(시공방법)가 첨부되지 않으면 시공하는 방법을 알 수 없는 상태에서 건축주(발주자)는 공사대금을 지불해야 한다.

라. 공사계약서 샘플서식

민간건설공사 표준도급계약서

건축주 홍갈동

"갑"이라 한다. 수급인 이하 "을"이라 한다. 를 이름한 입장에서 서로 협력하여 신의에 따라 성실히 계약을 이행한다. 발주자(도급인)이하

제1조 공사내용

  1. 공사명: 고려빌딩 4층 환경개선공사

  2. 공사장소: 부산진구 양정동 394-31번지 4층

  3. 공사기간

    1) 착공: 2015년 7월 24일

    2) 준공: 2015년 8월 26일

  4. 계약금액: 일금 팔백칠십이만원 정 (₩ 8,720,000 *부가가치세별도)

    건설산업기본법 제88조제12항 동시행령 제64조제1항 규정에 의하여 산출한 공사 대금임

  5. 계약보증금: 일금　　0　　원정 (₩　　없음　보증증권 대체 가능.)

  6. 선 급 금: 일금 삼백만　　원정 (₩ 3,000,000　공사금액의 30~50%)

  7. 기성부분금: 월　회 기성검사 내역의 90% 범위 내

  8. 지급자재 품목 및 수량

없음

  9. 하자담보책임: 건설산업기본법 제30조제1항의 규정에 준하며 하나담보금은 공사금액의 1~2%

    범위 내에서 증권으로 대체한다.

공종	공종별계약금액	하자보증금 1.5%	하자담보책임기간
칸막이 및 기타		없음	없음

10. 지체성금: 1일당 계약금액의 1/1000

11. 특약사항: 없음

12. 공사대금 지급조건

    1) 준공검사완료 후 (하자이행증권 제출)

    2) 하자이행증권 제출 후 공사대금 100% 현금 지급

                2015년 7월 22일

발주자(도급인): 부산진구 양정동 362-12번지   홍 길 동   인

시공자(수급인): 부산진구 양정동 393-7 삼화빌딩 4층   윤 해 량   인

　건축공사 중 처음에 시작하는 가설공사에서부터 마감공정까지 부실공사가 가장 많이 발생할 수 있는 공정만 간추려서 현장관리자, 시공자, 건축주가 이 책을 참고서로 삼아 집수리 또는 건축시공을 함으로써 부실공사를 방지하고 각 부분마다 직접 재료수량을 산출할 수 있도록 하여 실제 현장에서 도움이 되고자 이 책을 쓰게 되었습니다.

　이 책이 나오기까지 도움을 준 모든 분들께 진심으로 감사인사 올립니다.

- 저자 배영수

건축시공
현장실무

ⓒ 배영수, 2020

초판 1쇄 발행 2020년 4월 13일
　　　3쇄 발행 2022년 11월 23일

지은이　　배영수
펴낸이　　이기봉
편집　　　좋은땅 편집팀
펴낸곳　　도서출판 좋은땅
주소　　　서울특별시 마포구 양화로12길 26 지월드빌딩 (서교동 395-7)
전화　　　02)374-8616~7
팩스　　　02)374-8614
이메일　　gworldbook@naver.com
홈페이지　www.g-world.co.kr

ISBN　979-11-6536-275-1 (03540)

이 도서의 국립중앙도서관 출판예정도서목록(CIP)은 서지정보유통지원시스템 홈페이지(http://seoji.nl.go.kr)와 국가자료공동목록시스템(http://www.nl.go.kr/kolisnet)에서 이용하실 수 있습니다. (CIP제어번호 : CIP2020013459)